Spacetime

가까이 있는 건축

정태종 저

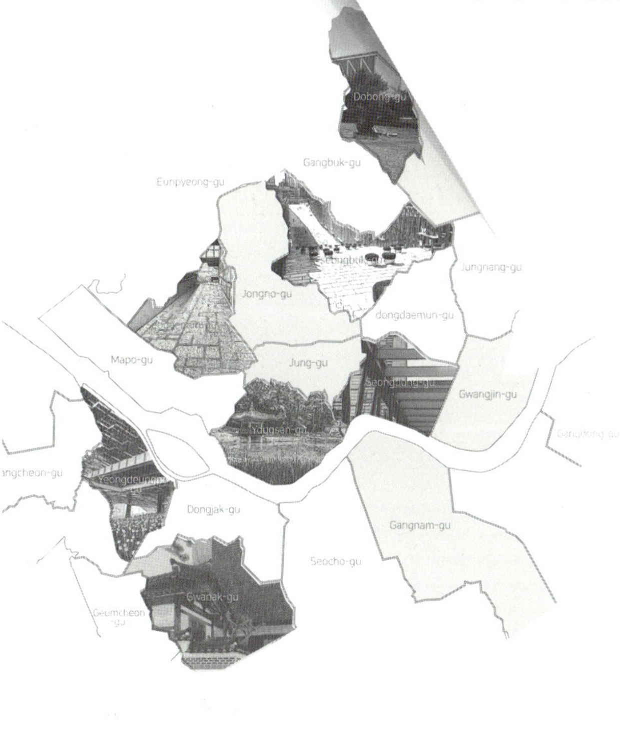

건축을 이해하는 가장 좋은 방법은 많은 건축가가 말하듯이
직접 찾아가서 건축물을 보고 만지고 공간을 경험하고 확인하는 것이다.
아무리 위대하고 뛰어나다고 하는 건축의 걸작도
사진이나 책의 글로 이해하는 것에는 한계가 있을 수밖에 없다.

우리 옆에는 오래된 전통건축에서부터 최신의 현대건축까지
훌륭하고 뛰어난 건축물들이 있다.

Prologue

- 프롤로그
- 목차

Prologue

프롤로그

우리가 사는 한국의 도시에는 오래된 전통건축에서부터 최근의 현대건축까지 다양한 건축물이 모여 있다. 특히 서울지역은 조선 시대에서부터 오백 년도 넘는 시간의 흐름 속 격동의 역사 한복판에 있었기에 서로 다른 사회의 거울과도 같은 건축의 여러 가지 층위가 다양하게 쌓여있다. 이러한 건축적 지층은 시간에 따라 수직적으로 차례대로 쌓이는 지리적인 지층과는 다르게 각각의 건축이 서로의 어깨를 견주면서 수평적으로 펼쳐진다. 결국, 건축에서 시간은 방향성을 가지고 직진하며 발전하는 것이 아니라 계속해서 되돌아오는 역사의 사이클을 가진다. 또한, 일반적인 지층은 시대를 보존하면서 새로운 지층이 오래된 지층 위에 쌓이지만, 건축의 지층은 오래된 것을 없애고 대체된다. 이렇듯이 공간의 수평성과 시간의 수직성이 동시에 나타나는 건축은 통시적이면서 동시에 공시적이다.

도시를 구성하는 중요한 요소 중 하나인 건축은 말처럼 그렇게 간단하게 만들어지지 않는다. 건축은 각 시대적 상황과 사회의 요청과 사용자의 선호도와 건축의 경향이 복합적으로 만들어 낸 결과이다. 또한, 건축은 공간의 특유한 분위기나 장소성을 움직임이라는 경험을 통해 인식하기도 하고 공간 자체의 새로운 구성 방식을 제시하기도 하며 자연과 사회 현상의 원리를 차용하여 건축공간으로 시각화하기도 한다. 그러므로 건축을 이해하려면 건축 사례를 자세히 보고 다양한 관점에서 하나씩 구체적으로 확인하는 과정이 필요하다. 같은 예술의 영역이라도 건축은 미술처럼 한눈에 척 보고 본질이나 의도를 알아차리기에는 무리가 있다. 왜냐하면, 건축은 미학적이어야 할 뿐만 아니라 기능적이어서 사용자가 안과 밖에서 직접 겪고 살고 머물러야 그 가치를 파악할 수 있기 때문이다.

모든 건축 사례는 나름대로의 사연과 여러 가지 특성이 있다. 건축을 이해하는 가장 좋은 방법은 많은 건축가가 말하듯이 직접 찾아가서 건축물을 보고 만지고 공간을 경험하고 확인하는 것이다. 아무리 위대하고 뛰어나다고 하는 건축의 걸작도 사진이나 책의 글로 이해하는 것에는 한계가 있을 수밖에 없다. 그러므로 좋은 건축이 우리 가까이에 있어서 그 건축물을 찾아가서 확인하는 것이 가장 좋고, 만일 멀리 있어서 그렇게 하지 못한다면 우리는 여행과 답사라는 방법을 통해 공간을 가로질러 가서 직접 확인하는 것이 필요하다. 그렇지만 시간적, 공간적 한계로 인하여 모든 곳을 다 가 보기는 쉽지 않다. 그렇기 때문에 가까이 있는 중요한 사례부터 직접 가서 건축의 여러 가지 관점에서 하나씩 보고 아는 것이 현재 우리가 딛고 있는 곳의 건축을 이해하는 첫걸음이라 할 수 있을 것이다.

우리 주변에 있는 한국의 건축은 크게 전통건축, 근대건축, 현대건축 등으로 나눌 수 있다. 전통건축은 당연히 한국에 있으니 우리가 마음을 먹으면 언제든지 갈 수 있을 정도로 우리 가까이에 있다. 얼마나 다행인가. 그러나 가구식 목구조라는 건축 재료적 한계와 서양 문물 수입에 의한 근, 현대라는 시대적 상황으로 인해 많은 전통건축은 사라지고 소수의 사례만이 남아 있다. 특히 상대적으로 우월하다는 착각 속에 수백 년의 전통을 대체한 서양식의 근대적 도시 개발이 집중되었던 서울지역은 더더욱이나 손에 꼽을 정도로 적다. 또한, 서양의 건축이 중심인 근대건축과 현대건축의 중요하고 전형적인 사례는 대부분 유럽과 미국 등 외국에 있다. 결국, 근대건축이나 현대건축을 찾아가려면 값비싼 비용을 내고 별도의 시간을 내야 한다는 의미이다. 물론 그 핑계로 여행도 하고 건축 공부도 하는 일거양득이 될 수도 있다. 그러나 이제는 이러한 상황이 조금씩 변하고 있다. 서양의 근대건축 경우에는 대표적인 사례가 한국 내에 많지 않지만, 최근의 현대건축은 조금 다르다. 최근 한국의 현대건축이 하루가 다르게 발전하여 서양의 현대건축을 따라잡고 있기 때문이다. 높은 인지도를 가진 세계적인 건축가의 작품이 한국에 하나둘씩 세워지고, 한국의 건축가들도 나름대로 좋은 현대건축을 설계하고 있다. 외국으로 유학 가서 서양의 현대건축을 배워오는 시대의 영향도 이제는 조금씩 바뀌고 있다. 그만큼 한국에 다양한 건축의 지식이 쌓이고 능력 있는 건축가들이 많이 배출되고 있다고 할 수 있다.

Prologue

이 글들은 우리 주변 가까이에 있는 뛰어난 건축 사례를 찾아서 하나씩 살펴보고 분석하여 그 의미를 이해하려는 작업이다. 우리 옆에는 오래된 전통건축에서부터 최신의 현대건축까지 훌륭하고 뛰어난 건축물이 있다. 이제 우리는 멀리 가지 않아도 다양한 건축 사례를 통해서 건축에 대해 잘 알 수 있고 확실하게 알 수 있다. 우리 가까이에 있는 좋은 건축을 중심으로 그 건축의 의미와 지식을 배울 수 있다. 여기에 고른 건축 작품들은 글을 읽다가 가 보고 싶은 마음이 들면 바로 나가서 직접 가 볼 수 있는 가까운 곳에 있는 것들이다. 그리고 일부러 가지 않더라도 다른 일로 지나가다가 들릴 수도 있다. 그런 우리 가까이에 있는 좋은 건축을 찾아서 훌쩍 떠나 큰 감동을 안고 돌아오고자 한다.

글로 건축을 설명하고 이해하기란 쉽지 않다. 오죽하면 현대철학에서 언어가 가장 중요한 중심이 되었을까. '언어의 한계는 세계의 한계다'라고 주장하는 루트비히 비트겐슈타인(Ludwig Wittgenstein)의 언어철학과 미국의 언어학자 에이브럼 노엄 촘스키(Avram Noam Chomsky)의 변형생성문법의 이론(Syntactic Structures)을 소환하지 않더라도 우리는 순간 느끼는 감정을 말로 글로 표현하면 엄청나게 두꺼운 소설 한 권으로도 모자랄 지경이란 걸 경험으로 잘 알고 있다. 그러니 이 책에서 소개하는 건축 사례에 관한 글을 읽고 꼭 한번은 가 보고 그 자리에서 글로 읽었던 것과 함께 직접 온몸으로 공간을 경험하고 건축을 이해하길 바란다. 직접 경험해보면 이 글이 얼마나 보잘것없는지 이 책이 얼마나 편협한지 알 것이다. 그럼에도 불구하고 건축에 대한 나의 작은 이해가 나와 가까운 지인이나 내가 모르는 어떤 사람에게라도 조금이나마 도움이 되기를 바라는 마음이 담겨있다는 사실로 이 책의 존재를 너그러이 받아 주길 바란다.

이 책은 건축에서 중요하게 여기는 네 가지 주제를 건축 공간적으로 잘 표현해내는 한국의 건축 사례와 그에 관한 글로 나누어 묶었다. 살펴볼 대상은 서울지역의 전통건축, 근대건축,

현대건축 등이다. 수많은 건축물 중 다양한 시대의 전형적이며 특별한 건축 양식을 대표하는 20개의 뛰어난 건축 사례를 선정하였고, 그에 관련한 수많은 논문과 서적을 통한 내용을 수집했다. 그리고 직접 여러 차례의 답사를 통해서 다양한 시간과 계절의 배경 속에서 건축 사진을 찍고 공간을 경험했다. 사례와 관련된 기존의 문헌고찰과 직접적인 경험의 결과물을 가지고 건축의 의미에 따라 다양한 관점에서 살펴보고 분석하고 이해하고자 했다.

우선 첫 번째 글모음인 '건축의 길을 찾다'에서는 한국의 전통건축에서부터 근, 현대건축까지 나름대로 각 시대와 건축 프로그램의 관점에서 시금석과 같이 크고 중요한 의미가 있는 사례를 선정해서 그 건축적 의미를 파악하고자 했다. 선정한 사례는 아마도 건축의 시대적 경향을 대표하는 몇 안 되는 것으로 그것이 가지고 있는 건축적 의미는 매우 크다. 이 묶음은 건축적으로 중요한 사례이기도 하지만 사회적, 역사적 관점에서 더 큰 의미가 있을 것이다. 창덕궁 후원의 가장 안쪽에 보잘 것 없는 초가지붕을 이고 있어 많은 사람에게 알려지지는 않았지만, 숨어 있는 건축적 의미는 그 어떤 궁궐 건축물보다 특별하고 뛰어난 전통 정자건축에서부터 한국에 몇 없는 서양식의 근대건축이지만 건축적으로 매우 뛰어난 사례, 오래된 역사적 장소에 최신 현대건축으로 설계된 최고의 현대 미술관, 그리고 우리 삶의 일상을 담는 독특한 주거공간까지 우리 주변에 얼마나 좋은 건축이 있는지 알 수 있을 것이다.

'공간을 지각하다'에서는 현상학적 분위기의 다양함을 경험할 수 있는 건축적 사례를 찾았다. 빛과 수공간을 이용한 공간의 분위기에서부터 다양한 경험을 위한 시각과 촉각 등 오감의 건축을 보여준다. 외국에서 화젯거리인 젊은 건축가의 작품도 있고 한국의 건축 현상학에 능숙한 건축가들의 작품도 있다. 이들의 세련된 공간구성, 다양한 건축 재료를 이용한 공간의 분위기, 그리고 그들만의 설계 의도를 파악하는 것만으로도 현대건축에 대한 우리의 이해가 높아질 것이다. 한국의 건축은

Prologue

예부터 정서적으로 현상학적 건축이 주류를 이루는 듯하다. 공간의 관계를 수학적으로 풀고 과학적인 방법으로 근거를 찾아내는 머리로 설계를 하는 방법보다 가슴으로 풀어서 적당하고 적절하게 사람을 품는 공간을 만드는 데 조금 더 익숙하다. 지극히 전형적인 현상학적인 접근법이다. 한국의 현대건축은 형태적으로는 서양의 것을 따르며 진화하지만, 공간의 분위기는 한국적인 것들로 가득 차 있다. 우리만의 건축이 가장 잘 나타날 수 있는 사례를 살펴본다.

'잠재성으로 채우다' 부분에서는 한국 전통건축과 현대건축을 사이에 두고 마당과 빈 공간인 보이드(Void)를 보여주는 한국만의 독특한 공간을 골랐다. 굳이 비움의 건축과 예술 미학으로까지 확대해석하지 않더라도 채움보다는 비움이 좋음을 누구나 안다. 너무 많이 채우고 사는 현대사회의 우리는 채우기에 급급해서 이제는 비우는 것이 무엇인지도 모를 지경이다. 비어있는 공간의 대표 사례인 전통건축의 마당은 우리의 오래된 건축 요소라고 당연하게 생각하고 매우 익숙하지만, 이제 그 좋은 공간은 어느 사이엔가 우리 주변에서 거의 다 사라졌다. 있을 때는 가치를 잘 모르다가 없어지면 후회하는 우리의 행동은 건축 분야에서도 똑같다. 초고층 수직 마천루와 같은 공동주택이 주거공간으로 되어 이제는 한 평의 작은 마당을 갖기에는 거의 불가능한 시대에 사는 우리에게 마당과 함께 채우지 않고 비워둔 그리고 텅 빈 보이드 공간과 도시 개발로 인한 유휴공간을 새롭게 바라보는 건축 등의 사례는 몇 안 되지만 귀중한 내, 외부 공간의 비움을 잘 이해할 기회가 될 것이다.

'관계를 파악하다'는 현대건축에서 가장 중요한 부분인 공간의 새로운 관계인 위상학적 공간의 사례를 찾았다. 서양의 현대건축은 1970년대 구주주의와 후기구주주의의 커다란 영향 아래 위상학적 다양한 공간의 관계에 대한 애정을 공간구성의 방법으로 차용하였다. 그에 비해 한국의 전통건축은 놀랍게도 서양보다 훨씬 오래전부터 서양의 현대건축에서 나타나는 위상학적 공간을 다양한 방식으로 구현하였다.

이후 1900년경부터 시대가 변화하면서 서양과 일본의 건축이 수입되던 시기로부터 백여 년 동안 예전의 전통건축에 나타난 위상학적 공간은 많이 사라져버렸지만, 2000년 이후 서양의 현대건축을 도입하는 과정에서 다시 나타나기 시작한다. 그런 과정에서 나타난 우리 가까이에 있는 현대건축의 대표적인 위상학적 공간의 다양한 사례를 살펴본다.

가뜩이나 서울 중심의 문화, 경제, 사회적 집중에 비판이 커지는 이때 서울지역을 기준으로 사례를 선정한 것은 개인적으로도 많은 아쉬움이 남는다. 사례를 선정하는 과정에서 숱한 고민이 있었다. 물론 서울 이외의 다른 지역에도 좋은 건축이 있지만, 아무래도 대표적인 건축 사례가 서울지역에 많은 것이 한국 사회의 냉정한 현실이다. 또한, 서울은 대중교통 체계가 잘 되어 있어서 어떻게 보면 지리적 거리의 절대적인 가까움보다 접근성이 수월한 서울지역의 건축 사례들이 오히려 우리에게 가까이 있고 더 쉽게 가 볼 수 있다는 생각이 들었다. 그래서 건축 사례가 서울지역이라기보다는 우리가 현실적으로 가 보기 쉬운 곳을 중심으로 골랐다고 너그럽게 이해해 주면 좋겠다. 이 책에 소개한 건축은 서울이나 근교 수도권에서 접근해서 한곳씩 도장 깨기를 한다고 하면 단 며칠 만에 모두 다 돌아볼 수 있을만한 곳이다.

이 책은 그동안 네이버 프리미엄 콘텐츠의 파트너 채널인 TJ건축도시공간에 연재한 다양한 한국의 현대건축과 작은 건축에 관한 자료를 바탕으로 각 사례의 배경과 의미를 설명하는 관점에서 건축적 특별함을 중심으로 다시 정리한 결과이다. 출간에 관하여 모든 것을 도와준 출판사에게 감사드린다.

가까이 있는 건축을 다시 한 번 찾아가며

CONTENTS

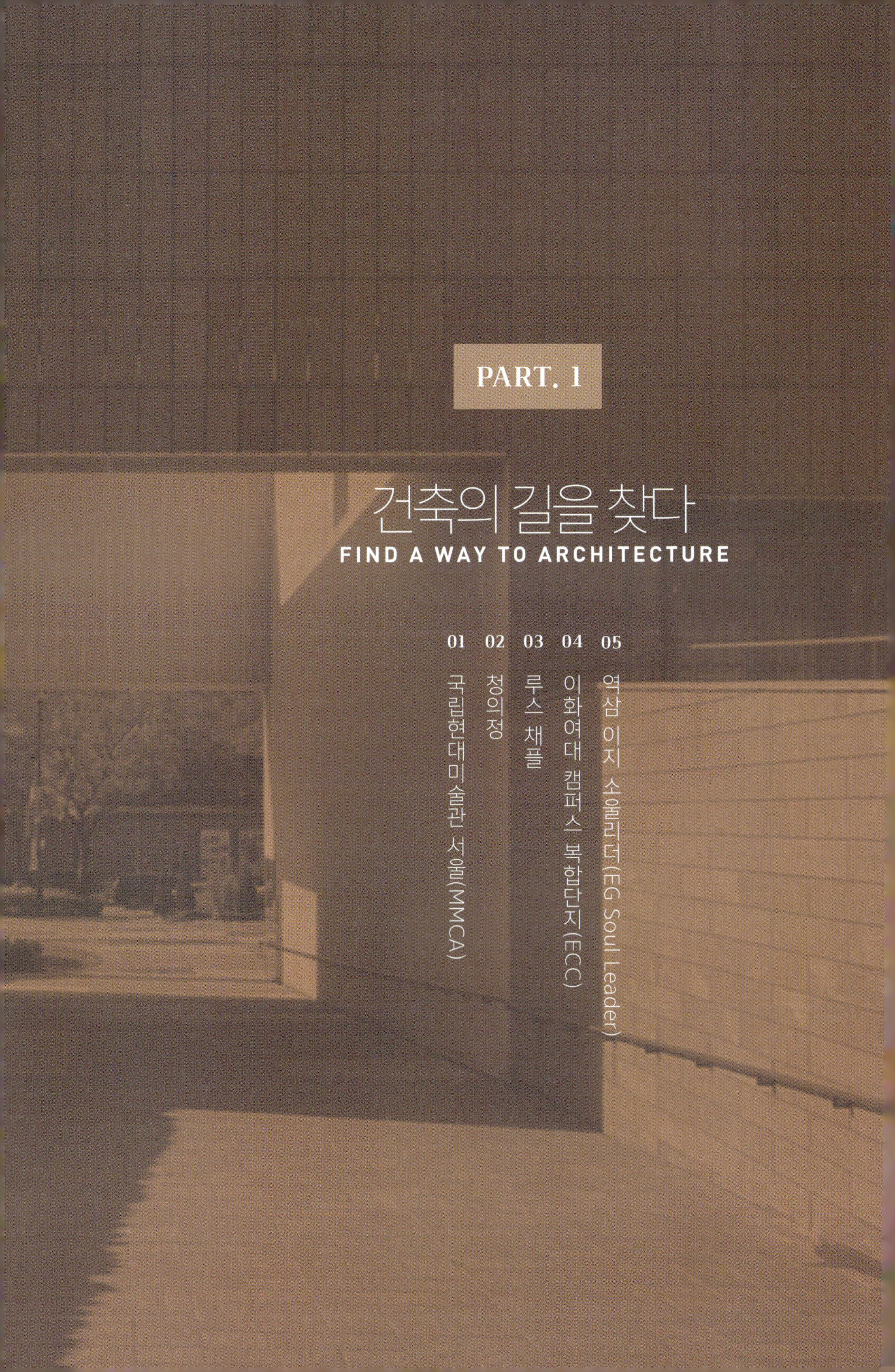

PART. 1

건축의 길을 찾다

FIND A WAY TO ARCHITECTURE

가지 않은 길의 미련 _ 선택 동선과 개인적 경험

서울 종친부 마당

01 국립현대미술관 서울(MMCA)

민현준
건축사사무소 엠피아트(MPART)

광화문 대로와 북촌 골목에 걸친 미술관

어느 도시든 도시의 중심공간은 다양한 의미가 함축되어 있기 마련이다. 많은 사람이 모이고 움직이는 공간이며 또한 정치, 경제적 권력의 상징도 나타나야 하므로 나름대로 도시의 정체성을 나타내는 공간적 몸짓이 필요하다. 현재 한국을 대표하는 서울 구도심의 광장과 도로는 끊임없이 지속적으로 변화한다. 한국이라는 국가의 상징 거리이자 공공공간인 광화문 광장과 광화문로는 최대한의 유효공간 확보를 위해 주변의 건물과 연결하고 있다. 광장이 없던 시절, 도로의 중앙부위에 최초의 광장이 들어서더니 이후 수직적 높이 레벨 차이의 변화를 통해 주변환경과 다양한 연결을 시도하고 최근에는 중심 도로의 통행을 한쪽으로 정리하면서 광화문로 세종문화회관 전면부와 연결하여 기존의 대칭적 공간구성의 엄정함을 깨면서 새로운 공공공간을 시도하는 중이다. 이전 경복궁 시대에도 조선이라는 국가의 상징 거리가 되면서 종로와 광화문은 한양의 다른 곳에 비해서 넓은 공간이었다. 이후 근대사회로 오면서 시, 공간으로 확장된 사회의 규모에 걸맞게 중심 도로의 폭을 최대한 넓히고 광장은 경복궁과 광화문을 중심으로 절대적 대칭적 위엄을 만들며 북한산으로부터의 풍수지리적 중심축을 이용한 공간구성으로 국가의 권위를 만들어 냈다.

서울 도심 속 국립현대미술관 서울

국립현대미술관의 외부 공간을 관통하는 보행로

유럽 도시의 중심은 광장이다. 도시의 중앙 광장으로 유명한 이탈리아의 시에나(Siena)도 다른 도시에 비하면 작은 도시이지만 도시의 중심에는 부채꼴 모양의 커다란 광장이 놓여있다. 이에 비해 우리나라는 한 공간에 집중하고 모이는 광장 문화가 아니라 움직이면서 거래를 하는 길 문화이다. 한국의 전통 시장은 백화점처럼 한곳에 몰려있기보다는 길 양쪽으로 길게 펼쳐져 있다. 조선 시대 전통 시장은 저잣거리라고 불릴 정도로 거리 중심이다. 매일 상시로 열린 시장은 장사의 공간이 고정되어 있지만 5일마다 장이 서는 오일장은 규칙적으로 반복된 공간의 집중과 해체가 한 곳에서 일어나며 장터라는 이벤트와 일상이 자유롭게 연결된 공간이다. 모여 있는 것에 익숙한 현재의 우리에게는 길게 늘어진 것이 불편할 수도 있을 듯하다. 길과 움직임이라는 한국 전통 공공공간의 특징은 광화문로 건너편 북촌을 가면 바로 확실하게 알 수 있다. 북촌은 한국을 대표하는 전통건축이 남아 있는 곳이다. 관아와 상류 양반계층의 기와집을 중심으로 대지의 단 차가 만들어 내는 집합적 건축의 이미지와 북촌에서 바라보는 서울 도심의 전경이 합쳐져서 상당히 멋스러운 서울의 풍경을 만든다. 그런 북촌도 골목길의 연속이다. 그나마 서촌이나 가회동 같은 다른 전통건축의 동네보다는 넓다고 하지만 그래도 현재 우리의 공간적 척도로 본다면 거의 미로에 가깝다.

광화문로의 광장과 북촌의 길이라는 상반된 공간을 연결하는 경계부에 국립현대미술관 서울(MMCA: National Museum of Modern and Contemporary Art)이 들어서 있다. 국가의 정체성을 보여주는 상징 거리와 시민의 주거 밀집 골목 사이에서 절묘하게 비집고 들어가 자신만의 표정을 가지고 당당하게 서 있다.

서로 다른 공간의 성격과 프로그램의 경계에 위치하고 있으니 양쪽의 요구에 적절하게 대처하면서 어우러져야 하는 쉽지 않은 대상지이다. 그럼에도 불구하고 미술관은 사이트(Site)가 가진 조건을 잘 수용하면서도 자신만의 존재감도 명확히 드러내고 있다. 건축사사무소 엠페아트(MPART)의 건축가 민현준은 기존의 오래된 기무사와 종친부가 있었던 곳에 낯선 현대건축을 여러 마당과 엮여 역사적 건축물들과 함께 서로 잘 어울리는 도시 풍경으로 만들었다. 이 쉽지 않은 건축적 고민을 광화문로부터 직접 걸으면서 하나씩 살펴보고자 한다.

수많은 건축적 고민의 결과인 이곳을 다니면서 듣고 싶은 음악은 모차르트(Mozart)가 작곡한 너무 무겁지도 않고 너무 가볍지도 않은 희유곡 디베르티멘토(Divertimento) E♭장조 K.563의 6악장[1])이다.

이곳은 장소성과 정체성과 역사성이라는 무거운 주제가 나올 수 밖에 없으니 귀라도 조금 홀가분하게 해주고 싶다. 한국성이 매우 강한 장소와 외국 작곡가의 클래식 음악이 안 어울릴 수도 있다.

공식적인 상황이라면 국악이 연주될 것이다. 하지만 예전 모 방송국 프로그램의 시그널 음악으로 익숙한 연주를 들으면 기분이 조금 가뻔해지고 부담도 덜할 것이다. 물 흐르듯 끊임없이 연주되는 현악기들의 트리오 앙상블, 경쾌한 론도 형식에 계속 반복되는 주제는 금방이라도 따라서 흥얼거릴 정도이다. 음악에 맞춰 미술관 구석구석 즐거운 산책을 시작해 보자.

1) Divertimento for String Trio (Mozart)
https://en.wikipedia.org/wiki/Divertimento_for_String_Trio_(Mozart)#:~:text=The%20Divertimento%20in%20E%E2%99%AD,separate%20from%20his%20other%20divertimenti.

MMCA 전경과 중앙 마당

미술관의 개인적 경험과 사회적 역할

학생 때 학교에서 단체로 국립 미술관 상설전이나 해외 유명 특별전 관람을 하러 가거나 20대에 데이트 코스로 가던 미술관이 최근 많이 달라졌다. 최근에는 다양하면서도 독특한 미술관이 많이 생기기도 하고 미술관의 입지나 공간이 주변 가까이에 있다 보니 일부러 가야 한다는 부담이 적어지면서 일상의 문턱으로까지 다가왔다.

일상에서 가장 많이 하는 문화활동인 영화관을 가던 사람들도 이제는 미술관으로 발길을 돌리고 있다. 연인, 친구, 가족들과 편안하게 앉아서 나름대로 재미와 개인적 평가와 감상평을 목소리 높여 낼 수 있는 영화에 비해 현대 미술은 아직 어렵고 잘 모르기 때문에 미술관은 왠지 조심스럽고 가면 살짝 주눅 들고 불편한 것이 사실이다. 최근에는 미술관 건축이 이런 관람자의 불편함을 보완하고 좋은 공간을 만들어 내서 미술관이 미술 작품을 감상하는 곳이라는 원래의 역할과 함께 좋은 공간을 경험하는 장소로 변하고 있다.

MMCA 외부 보행로

미술관 내부에서 바라본 외부의 전망

미술관의 첫 번째 역할은 단연코 미술 작품의 전시와 관람이다. 박물관과 미술관에서 가장 중요한 것은 컬렉션(Collection)이란 단어에서도 나타나듯이 소장한 미술 작품의 내용이다.

어떤 미술품을 소장하고 있느냐가 이들의 유명도와 권위를 결정하는 절대적 요소이다.

어찌 보면 기존의 많은 미술관은 백화점과 유사하다.

세계적으로 유명한 대영박물관, 루브르 박물관, 구겐하임 미술관 모두 전시작품이 주인공이라 대부분 미술 작품을 돋보이게 하려는데 집중한다. 미술관을 의미했던 화이트 박스(White Box)라는 단어도 미술관의 공간이 백색의 배경으로 남아야 한다는 의미이다. 기존의 전시공간은 창문도 없고 배경도 무표정하다.

그러나 이제는 이런 전형적인 미술관들이 조금씩 바뀌어서 주변 환경이 뛰어난 자연 속의 미술관은 외부 풍경을 미술관 내부에서 감상할 수 있게 창문을 내고 외부 풍경을 하나의 미술 작품처럼 감상하는 공간을 만들었다. 미술 작품을 감상하다 휴식을 하면서 외부 풍경을 바라보는 감상의 호흡을 조정하게 된 것이다. 이후 다양한 표정을 갖게 된 미술관 건축은 한발 더 나아가 관람의 자유를 부여하게 된다. 줄 서서 한 방향으로 관람하던 것을 관람자가 동선을 선택해서 본인이 정한다는 것이다.

선택 동선을 이용한 미술품 감상은 미셸 푸코(Michel Foucault)가 주장하는 권력의 관점에서 본다면 쉽지 않은 허용이다. 그리고 자발적 훈육에 길들어진 사람들이라면 관람 동선의 선택은 어느 정도의 범위에서 가능하다고 판단할 수도 있다. 사실 전시회에서 미술 작품을 감상한다는 행위는 시각적 매체를 통한 교육과 훈육의 대열에 자발적으로 동참한다는 어이없는 일일지도 모른다. 보이지 않는 통치의 권력은 우리에게 강제적 훈련이 아닌 자발적 협조와 순응에 미술관을 교묘하게 이용하는 듯하다. 이러한 미술관 내부에서의 공간 선택을 할 자유는 더 나아가 미술관의 외부와 연결된 도시의 범위로 확대된다. 미술관은 관람이라는 목적으로 시작되었지만, 이제는 목적지가 아닌 도시의 일상에서 거쳐서 가는 경유지가 된다. 그래서 광화문에서 경복궁에서 북촌을 오갈 때 미술관의 마당을 가로질러 지나가면서 슬쩍슬쩍 외부 공간의 조각이나 설치 미술품이나 미술관의 전반적인 분위기를 느끼게 된다.

여기에 서울시 구도심의 도시재생이라는 도시 활성화는 덤이다. 건축가는 종친부를 복원하고 기무사를 이용하여 역사적 장소성과 도시재생을 통해 복합적인 미술관의 공간구성을 성공적으로 완성한다. 현재 한국에서 개인의 관심과 문화적 활동 그리고 개인적 경험과 함께 우리의 일상에 가장 가까이 있는 미술관의 다양한 사회적 역할은 국립현대미술관 서울에서 절정을 맞는다.

MMCA 외부 보행로

“ 미술관 내부에서의 공간 선택을 할 자유는 더 나아가 미술관의 외부와 연결된 도시의 범위로 확대된다.
미술관은 관람이라는 목적으로 시작되었지만, 이제는 목적지가 아닌 도시의 일상에서 거쳐서 가는 경유지가 된다. ”

두 갈래 길과 내가 가지 않은 길

국립현대미술관 서울의 공간적 특징인 내, 외부 공간의 다양한 길과 마당은 보행자와 관람객 동선을 통한 공간의 경험이라는 현상학적 건축의 대표적인 건축적 장치(Architectural Intervention)이다. 그리고 여러 가지 다양한 건축적 요소를 이용하여 공간이 분위기를 만드는 데 집중하는 건축 현상학의 핵심은 건축적 장치들이 형성하는 분위기를 직접 경험하는 것이다. 건축은 눈으로 한꺼번에 전체를 감상하는 미술과 처음부터 끝날 때까지 시간을 들여 감상하는 음악과 무용의 서로 다른 감상법을 합쳐야 제대로 알 수 있다. 시각적으로 보이는 건축의 형태, 빛과 그림자, 색, 재료 등은 고정된 정지된 상태에서의 이미지로 다가오지만, 공간을 돌아보고 들어가 보고 만져보고 느껴보는 경험과 심지어 그 공간에서 살아보는 행위가 건축을 감상하는 가장 중요한 방법이다.

건축 현상학에서 동선과 개인적 경험이라는 행위는 대부분 공간의 시나리오와 그에 맞춰 내 앞에 펼쳐지는 공간의 변화를 온몸으로 지각하는 것을 의미한다. 즉 건축적 경험은

전통과 현대의 공존

에드문트 후설(Edumund Hussel)의 대상을 향한 지향성에서 시작하여 모리스 메를로 퐁티(Maurice Merleau-Ponty)의 대상과 주체 사이의 살(Fresh)로 연결되면서 몸으로 지각한다는 현상학의 전형적인 사례이다. 건축가들은 어떤 건축적 장치를 이용하여 이런 경험을 하게 설계하는가? 건축 현상학에서는 사람의 움직임을 조절하는 동선은 직선과 곡선, 구부리기와 꺾기, 수직적인 차이, 램프의 연속성과 계단의 단 차, 투명성을 이용한 시각적 조정 등을 이용한다.

전통과 현대의 공존

호르헤 루이스 보르헤스(Jorge Luis Borges)의 소설 '픽션들(Ficciones: Collected Fictions)' 속 '끝없이 두 갈래로 갈라지는 길들이 있는 정원'에서 우리는 어느 길을 택할 것인가 결정해야 하는 선택에 놓이게 된다.

어느 쪽이든 선택하지 않은 그래서 내가 가지 않은 길은 미련이 남을 수밖에 없다. 둘 중 하나를 선택하는 것이야말로 가장 극적이고 제일 아쉬움이 많이 남을 수밖에 없다.

그래서 확률 99%나 1%보다 50%의 선택이 더 어렵고 더 큰 가치가 있는 것이다. 어떤 선택이든 그 결정과 결과는 내 마음과 삶을 통째로 흔들어 놓는다. 현대사회에서는 커다란 영향을 주는 선택을 매 순간 강요당한다. 선택 장애가 유발될 정도이다. 심지어 누가 선택해주길 바랄 때도 있다.

그냥 하라는 대로 하는 것이 편할 때도 있다. 이런 유혹에 빠질 때 국립현대미술관 서울에 와서 내부와 외부 공간을 천천히

현대 미술관의 길과 언덕

걸어보길 권한다. 왕은 왕관의 무게를 버텨야 하듯이 우리는 우리의 길을 선택할 수 있는 자유에 대하여 책임을 지고 버텨야 한다. 어떻게 찾은 자유인데 이것을 스스로 반납하려고 하는가?

미술관에 처음 오면 입구가 어디인지 찾기 어려울 수도 있다. 경복궁에서 오면 기무사의 주 출입구로, 북촌에서는 종친부 앞마당이나 카페를 거쳐 올 수 있다. 여러 개의 크고 작은 마당을 걷거나 바라보면서 원하는 곳으로 갈 수 있다. 내부로 들어오면 전시공간은 수직으로 확장된 어마어마한 규모의 열린 공간에서부터 지하의 숨 막히는 듯한 공간까지 순서 정하지 않고 마음대로 다니면서 관람할 수 있다. 관람하는 중간중간 커다란 창을 통해 외부의 전경까지 볼 수 있다. 그리고 길을 잃어버릴 수 있는 자유가 보장

미술관 선큰(Sunken) 공간

되는 곳이다. 이곳에 와서 모든 일을 선택해야 하고 그 결과에 책임을 져야 하는 우리의 강박적 일상에서 벗어나 선택 장애 유발 동선을 선택하고 가지 않은 길의 미련을 마음껏 즐겨보길 바란다. 왕은 얼굴의 관상으로 만들어지는 것이 아니다.
의지와 행동의 결과로 주어지는 것이다.

북촌 방향 외부 경사로 램프

건축설계자료

국립현대미술관 서울 건축설계자료는 건축사사무소 엠피아트 홈페이지에서 자세히 알 수 있다.

건축사사무소 엠피아트/ MPART Architects
www.mpartarchitects.com

외부 경사로와 선큰 공간

일 년의 활동을 표현한 작은 건축

청의정 천장의 펼쳐짐

02

청의정

인조 14년(1636)

꼭꼭 숨은 건축

우연히 알게 된 청의정. 초가지붕의 정자라는 사실이 눈에 띄었다. 그리고 궁궐 창덕궁 후원의 벼농사와 관련 있다는 사실을 알고 궁금해졌다. 주변에 청의정을 물어보니 아는 사람이 별로 없었다. 일반인뿐만 아니라 건축을 직업으로 하는 사람들도 잘 모른다. 청의정은 알고 보면 매우 독특하고 특별한데 왜 세간에 주목받지 못하고 관심 밖일까? 궁금해서 직접 발품을 팔기로 했다. 청의정을 가기로 마음먹었는데 청의정은 창덕궁 후원에 있어 생각한 것보다 쉽게 가볼 수 없다. 가더라도 개인적으로 살펴볼 시간적 여유가 많지 않다. 보통 때에는 창덕궁 후원 입장 자체가 매 방문당 50명의 단체로만 가능하기 때문이다. 경복궁이나 덕수궁 같은 궁궐도 이렇게 엄격하게 통제하지 않은데 후원이 더욱 궁금해진다. 게다가 청의정은 후원의 제일 안쪽에 있으니 궁금증은 더욱 증폭되기 마련이다. 어릴 적 할머니의 속바지 속 깊은 주머니에 있는 쌈짓돈이나 다락 속 깊이 감춰둔 사탕을 발견할 것 같은 기대감이 폭발한다. 오월 어느 날 아주 운 좋게 개인 관람이 허용하는 시간에 맞춰 청의정을 방문하게 되었다. 오랜만에 가보는 창덕궁 후원은 개인적으로는 젊은 시절에 이곳 근처에서 대학 다니던 추억을 떠올리게 한다.

예전에는 후원이 아니라 비원(秘苑)이었다. 예전에도 쉽게 들어가지 못하는 곳이었는데 이름 때문인지 왠지 더 비밀스러운 곳처럼 느껴졌다.

태극정에서 바라본 청의정

"청의정은 창덕궁 후원에 위치하기 때문에 우선 창덕궁 전각을 지나게 된다. 입구의 돈화문과 금천교를 거쳐 웅장한 인정전, 선정전, 희정당, 대조전, 낙선재를 둘러보고 나면 아름다운 창덕궁 후원이 기다린다."

창덕궁

창덕궁의 전각

창덕궁 전각을 거닐다 발길이 멈춘 곳. 비극적 역사가 담겨 있는 대조전은 특히 날개채와 연결하여 복잡한 공간 구성이 나타난다. 비극적인 역사의 장소인데 마치 그와는 무관하다는 듯 날개채의 단청은 화려하고 예쁘기만 하다. 용마루가 없는 대조전은 새로운 용의 탄생을 위한 왕비의 침실을 상징한다는 기표로 해석하기도 하고 당시 소위 무량각(無樑閣)은 중국의 선진 기법으로 조선의 건축에 보편화하기 전 궁궐에만 적용했다는 등 다양한 설명이 있다.
현대건축을 하는 개인적인 입장에서는 솟을지붕의 앞, 뒤쪽 기와가 용마루에 의해 끊어지지 않고 연결되는 연속성에 더 관심이 간다. 그와 함께 대조전 앞에 서서 바라보니 마당과 회랑 복도를 거쳐 희정당 너머 마당까지 다양한 공간의 레이어가 하나의 연속된 공간으로 관통되면서 한눈에 보인다. 일반적인 전통건축의 내, 외부 공간에서 연속된 통(通)의 공간이 이곳에서는 하나의 건물이 아닌 여러 채의 공간을 연속해서 물리적 시각적 확장으로 나타나는 놀라운 공간의 위상학을 경험할 수 있다. 연속된 전각을 관통하며 지나가는 공간 군데군데 나타나는 자그마한 붓꽃들은 창포원과 같은 대규모의 생태공원과 같은 풍경을 만드는 것은 아니더라도 전각의 단청과 함께 창덕궁과 후원의 색채적 풍요로움과 아름다움을 더욱 높이고 있다. 이곳은 5-6월의 초여름에도 좋고 가을 단풍철에도 멋진 도시 내 자연 풍경을 보여준다.

대조전 날개채의 단청

창덕궁 후원

전각을 둘러보고 창덕궁 후원에 들어서면 성정각과 창경궁의 담을 따라가면서 갑자기 분위기가 바뀐다. 지금까지 화려한 궁궐의 건축이 주인공이었다면 이제는 자연이 주인공으로 나선다. 후원이 오래된 만큼 그 정원 속을 구성하는 나무들의 규모도 크고 그로 인해 만들어진 나뭇잎 그림자 속으로 걸어 들어가면 빛 세상과 다른 음예공간(陰翳空間)이라는 새로운 세상이 펼쳐진다. 그리고 생각보다 넓은 흙길이 펼쳐진다. 길 양옆으로 큰 나무들이 서 있고 그 아래 나무 그림자가 드리워져 있다. 오랜만에 밟는 흙길의 사각거리는 소리와 살짝 날리는 먼지는 약간 경사지고 그림자가 드리워진 길을 더욱 애매모호하게 만든다. 후원으로 들어가는 길이 넓다고 하지만 주변 나무들에 의해 가려져 있어 멀리 보이는 후원은 호기심을 불러일으킨다. 후원으로 들어가서 밝고 어두운 공간을 번갈아 지나가다 보면 부용지, 애련지, 관람지 등 다양하고 독특한 정자들을 거쳐 옥류천에 다다른다.

각 정자는 정원의 풍경 속에서 서로 다른 풍경을 만들어 낸다. 풍경으로 들어가 또 다른 풍경을 만들어 내는 작은 건축인 정자는 직접 가보면 절대 작지 않은 오히려 커다란 의미가 있다. 다양한 풍경과 자연을 만끽하면서 다다른 곳, 후원의 마지막 부분인 옥류천에는 소요정, 태극정, 옹산정, 취한정, 청의정 등 자연 정원 속 작은 정자가 곳곳에 들어서 있다.

창덕궁 후원 애련지

창덕궁 속 청의정

오늘의 주인공인 청의정(清漪亭)은 창덕궁 후원 제일 깊숙한 안쪽의 옥류천 쪽에 있는 정자이다.

인조 14년인 1636년에 옥류천 일대의 맑은 물을 따서 맑은 청(清), 물결 의(漪)로 이름으로 지었다. 한국의 초가 정자 중 가장 오래되었고 창덕궁에서 유일하게 남아 있는 볏짚으로 지붕을 덮은 초가지붕 정자이다. 이곳에서 왕이 직접 벼를 심고, 수확한 후 볏짚으로 정자의 지붕 이엉을 이었는데 백성들의 농사를 몸소 느끼고, 농사의 소중함을 깨우치기 위해서다. 요즘도 봄에는 전통 방식의 손 모내기와 가을 벼 베기 수확 행사가 열린다. 요즘은 많은 일을 책으로 배운다거나 심지어 유튜브로 배운다고 하는데 조선시대 궁궐에서는 작은 모형을 만들어 직접 배우는 3차원의 아날로그식 학습법이었다. 시대에 따라 다른 학습법의 공간을 눈으로 확인하는 것이 새삼 신기하다.

진입로에서 본 청의정

청의정 배치

청의정의 대지 _ 논

청의정의 첫인상을 즐기고 나서 조금 더 머무르면서 자세히 살펴본다. 청의정은 일반 궁궐 건물이나 정자들과 다른 점이 많다. 우선 정자의 위치이다. 청의정으로 오기까지 보았던 화려한 전각과 정자를 보고 나서 이곳을 보면 완전히 색다르게 느껴진다. 일반적인 정자는 연못이나 흐르는 천변에 위치하는데 이곳은 논 가운데에 세워졌다. 청의정 논은 현재 서울 사대문 안에 있는 유일한 논이다. 옥류천의 물을 모아 만든 논 위에 돌로 섬을 만들고 그 위에 장대석으로 2단의 기단을 쌓았다. 논과 섬은 둘 다 네모나다. 정자가 섬에 있어서 북쪽으로 드나들 수 있게 돌다리를 놓았다. 수공간은 건축에서 매우 중요한 자연요소이다. 건축에서는 연못, 흐르는 물보다 수공간이라는 단어는 철학적이면서 미학적인 의미를 담은 듯해서인지 수공간이란 단어로 표현하는 경우가 많다. 그런데 논은 물이 있으니 수공간이기는 한데 물을 바탕으로 벼가 자라는 공간으로 건축 현상학에서 사용되는 정적인 시각적인 미학의 수공간이라기보다는 논이라는 하나의 기능을 담당하는 프로그램으로 이해된다. 현대건축에서 봐왔던 미학적 수공간이 아닌 수천 평의 넓은 들판을 만드는 논이라는 공간도 아닌 둘 사이의 어떤 새로운 수공간이 청의정을 떠받치고 있는 논인 것이다.

청의정의 디테일_초가 속 숨은 단청

정자는 1층 목조 건물로 정면 1칸, 측면 1칸으로 총 1칸이다. 기둥과 주춧돌은 원형이다. 처마는 겹처마이며 공포는 초익공이다. 단청은 부재의 두 끝부분에만 단청하는 모로단청이다. 하부는 사각형, 도리와 천장은 팔각형, 지붕은 원형이다. 건물의 부재들이 전체적으로 굉장히 얇다. 너무 가늘어 무거운 지붕을 아슬아슬하게 이고 있는데 이런 투명성으로 인해 논 위에 지붕만이 부유하는 듯 느껴진다.

초가지붕 아래 화려한 단청의 조합은 그 어디에서도 볼 수 없는 의외이자 파격의 조합이다. 그래서인지 처음 보는 모든 이의 시선을 끌 수밖에 없다. 그리고 자세히 보면서 뭔가 어색하고 이상하다고 느낀다. 잠시 시간이 지나면 감탄사가 연속해서 나온다. 낯설게 하기라는 수법으로 만든 청의정은 창의적이다. 포스트 모더니즘도 이 정도면 최고의 수준이다. 매스와 보이드, 사각형과 원형을 이용한 기하학적 형태의 충돌, 초가와 단청의 낯섦 등 새로움으로 가득하다.

청의정의 구성

"초가지붕 아래 화려한 단청의 조합은 그 어디에서도 볼 수 없는
의외이자 파격의 조합이다.
그래서인지 처음 보는 모든 이의 시선을 끌 수밖에 없다."

청의정의 하늘

청의정의 가장 큰 특징은 초가지붕이다.

보통 1칸짜리 정자들의 지붕은 네모반듯한 정방형의 평면인 건물에서 형성되는 사모 지붕인데, 청의정 지붕은 기둥 위에 8각으로 도리를 짜서 지붕을 8각으로 만든 뒤 짚을 올려 원형처럼 보이게 하는 삿갓지붕이다. 지붕 가운데가 솟아있고 천장은 서까래가 다 드러나 있는데 자연스럽게 중앙으로 모이고 중심에 원형 반자가 있다.

직접 가서 보기 전까지 초가지붕 아래 이토록 아름다운 천장이 숨겨져 있을 줄 몰랐다. 외부에서는 천장 전체가 드러나지 않아서 파악하기 힘들지만, 우산처럼 아니 슈룹이라고 해야 더 잘 어울릴 듯한 우산살처럼 사방으로 뻗은 푸른색의 단청은 지붕 밖 푸른 하늘과 맞닿는 듯 펼쳐져 있다.

청의정 천장과 지붕

조선판 파라메트릭 디자인(Parametric Design)

청의정은 창덕궁 후원에서 제일 안쪽이자 뒤쪽이고 다른 곳보다 높은 쪽에 위치해서 모든 곳을 다 돌아보고 마지막으로 가 보게 된다. 다른 정자는 내부에서 밖의 풍경을 바라보는 풍류의 공간이지만 청의정은 농사라는 구체적인 일상의 행위가 있는 곳이다. 그리고 그 행위의 결과물이 지붕이라는 건축 요소의 일부로 시각화된다. 또한, 정자와 주변 사이트의 기하학적 형태를 살펴보면 정자가 놓인 논과 섬은 사각형이고 정자의 지붕은 원형이다. 이는 동양의 우주관인 하늘은 둥글고 땅은 네모나다는 천원지방(天圓地方) 사상을 나타낸다. 이것을 현대건축으로 번안하면 아래쪽 바닥인 사각형에서 상부 원형으로의 형태변형(Transformation)의 일종인 몰핑(Morphing) 기법으로, 자연스럽게 변화하는 그라데이션(Gradation)이 만들어지는 과정을 시각화하는 것으로 이해할 수 있다.

즉 조선판 형태변형 과정, 파라메트릭 디자인(Parametric Design)으로 보인다. 당시 철학적 사상의 형태화와 함께 오브제로서가 아닌 사회적 활동의 공간으로 역할을 하고 그 활동의 결과물로 만들어진 청의정은 다른 곳과는 다른 작지만 큰 건축이라 할 수 있다. 숨어 있는 놀라운 전통건축을 발견한 것 같아 괜히 돌아오는 발걸음이 뿌듯하다.

건축설계자료

청의정 자료는 창덕궁 홈페이지에서
자세히 알 수 있다.(세계문화유산 창덕궁 후원)

http://www.cdg.go.kr/cms_for_cdg/show.jsp?show_no=50&check_no=14&c_relation=26&c_relation2=88

한국 비판적 지역주의 (Critical Regionalism)의 성공작

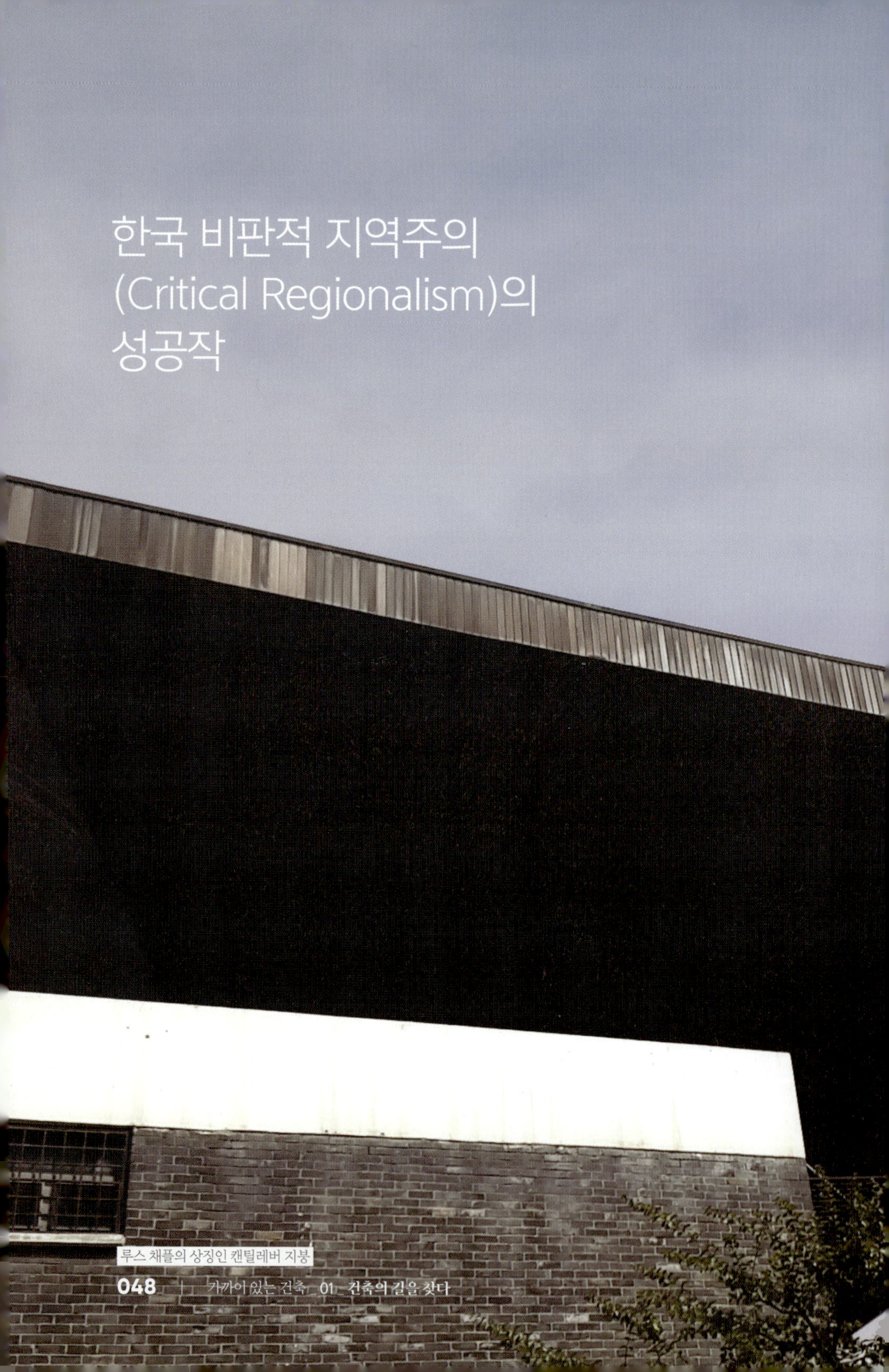

루스 채플의 상징인 캔틸레버 지붕

03

루스 채플

김석재
알파오메가 건축

서양건축과 한국성의 조합

모든 건축은 최소한 기둥과 바닥판과 지붕이 필요하다. 바로 돔이노(Dom-ino) 시스템[2], 즉 기둥-바닥판 방식의 구조이다. 근대건축의 대가인 르 코르뷔지에(Le Corbusier)가 기계나 자동차의 뼈대에서 착안한 것으로 최소의 요소로 건축공간을 만들기 위한 방법이다. 기존의 건축에서 구조체의 역할을 하던 내력벽이 사라지고 대신 기둥을 이용하여 하중을 받고 그 대신 내부공간과 외부 입면과 형태를 마음대로 자유롭게 사용할 수 있게 된 것이다. 여기에서 핵심 역할을 하는 건축요소가 바로 기둥이다. 바닥판과 지붕이 수평적인 경계라면 기둥은 수직적 공간을 확보하기 위한 유일한 건축요소이다. 일반적으로 기둥이 건물의 네 귀퉁이에 있어 건물 하중을 지지하는데 기둥의 위치에 따라 건축의 형태가 결정된다. 최근 근생건물의 기둥만으로 이루어진 저층부가 주차공간으로 사용하면서 한 층을 더 올려 지진의 상황이나 구조의 하중이 문제가 되는 필로티(Piloti) 방식도 기둥을 이용하여 1층 지상 공간을 비워서 외부로 사용하고 상부의 내부공간을 극대화하는

2) 돔이노(Dom-ino) 시스템은 주택을 의미하는 Domus와 혁신을 의미하는 Innovation의 합성어로 기존의 내력벽으로 주택의 내부 공간이 제한되는 것을 기둥으로 대체하면서 자유로운 평면과 입면이 가능하게 되는 근대건축의 혁신적인 건축 방식이다.

방식이다. 그런데 기둥이 내부로 이동하면 그만큼 건물의 외부 입면이 자유로워진다. 그리고 기둥이 점차 내부로 이동하면서 어느 정도의 한계에 다다르면 기둥은 가려져서 안보이게 되고 지붕과 바닥판이 강조되면서 새로운 공간이 나타나는 듯 보인다. 이러한 구조의 한계 내에서 만들어진 것을 외팔보(캔틸레버: Cantilever) 구조의 건축물이라고 한다. 기둥이 보이지 않으니 상하부 바닥판이 강조되면서 사이 공간은 비어 있는 듯 보이고 지붕은 공중에 떠 있는 듯 느껴진다. 일반적인 건축의 사례에서는 구조가 크게 영향을 주지 않는다. 건축 기본계획을 세우고 나면 구조검토를 통하여 시공에 문제가 없는지 확인하고 설계를 확정한다. 그러나 건축의 구조가 특이한 경우 그리고 구조가 건축 공간구성에 영향을 주는 경우에는 설계 초기부터 구조를 고려해야 한다. 고저차가 나는 사이트의 매스 배치와 연결한 구조가 공간이 되고 건축의 분위기를 만든다. 구조가 설계의 개념이 되는 것이다.

한옥의 지붕도 기와라는 명확한 재료로 구성되고 한옥 중앙부의 기둥으로 구성된 실보다 지붕의 규모가 상대적으로 크기 때문에 한옥의 육중한 지붕은 마치 공중에 떠 있는 듯 보인다. 한옥은 기둥을 내부로 숨기거나 하지 않고 그대로 두지만, 기둥과 기둥 사이의 공간을 창과 문으로 사용하여 거의 비우다시피 하여 지붕과 비교하면 가볍고 투명한 공간처럼 느껴져 상대적으로 지붕이 떠 보이는 것이다.

이렇게 서양 건축은 기둥을 숨기는 물리적인 방법으로, 한국 전통건축은 시각적으로 지붕을 강조한 건축이 나타난다.

루스 채플 전경

루스 채플의 기원

연세대학교 안에는 루스 채플이라는 독특한 건축이 있다. 언더우드관(사적276호), 스팀슨관(사적275호), 아펜젤러관(사적277호) 등 고전건축과 학생회관 등 캠퍼스 내 다른 건물들의 규모가 상당하고 디자인도 남다르다. 그에 비하면 루스 채플은 위치도 캠퍼스의 중심에서 한발 떨어져서 한쪽 구석에 있어 눈에 띄지 않는다.

또한, 루스 채플은 일반적인 교회와 비교하면 매우 작은 채플이고 근대건축의 거대한 규모와 비교해도 상대적으로 작은 건축이다. 그런데도 한옥을 이고 있는 채플의 캔틸레버 지붕은 매우 거대하게 느껴진다. 멀리서 보면 마치 공중에 떠 있는 듯한데 가까이 다가가서 보면 더욱 압도한다. 보통의 교회가 첨탑과 십자가를 하늘 높이 수직적으로 치켜세워 하나님의 존재를 상징적인 기표로 작용한다면 루스 채플은 이와는 완전히 반대다. 거대한 수평의 지붕을 강조해서 마치

루스 채플 배치

영주 부석사의 돌이 땅에서 떠 있는 느낌으로 대지와 지평선을 강조하면서 놓여있다. 이 결과는 루스 채플이 주변의 다른 곳보다 높은 언덕 위에 위치하는 대지, 사이트의 특성도 한몫한다.

루스 채플 캔틸레버

채플을 방문하는 사람들은 멀리서 보면 언덕 위 평평한 지붕만이 보이는 채플을 향해 접근하게 된다. 가까이 다가가면 언덕의 높이는 멀리서 인지하던 것보다 더 높고 그 위에 놓인 채플은 고개를 쳐들어서 바라봐야 한다. 그 순간에 교회는 마치 커다란 우산과 같은 지붕을 펼치고 서 있는 것처럼 느껴진다. 마치 다가오는 아이를 품으려고 팔을 펼치는 부모의 온화하면서도 따뜻한 품과도 같다. 이런 상황에 수직성의 첨탑을 가진 일반적인 교회의 형상은 오히려 제대로 작동하지 못할 것이다. 이렇게 방문자의 동선을 계획하고 접근하는 과정을 설정한 후 채플의 내, 외부 공간을 다양하게 경험할 수 있는 건축적 시나리오를 만들었다. 그러니 건축가가 고민한 시나리오를 따라 발걸음을 옮기면 이 건축에서의 경험을 극대화할 수 있을 것이다. 그중 최고의 경험은 채플에 다가갈수록 점차 나에게 보여주는 압도적인 지붕의 존재이다. 자연스럽게 공간과 채플과 종교의 경외감을 불러일으킨다.

경외감을 가지고 언덕을 올라 루스 채플의 입구에 다다르면 다시 한 번 감탄이 나온다. 지극히 한국의 전통적 감각으로 한국적 디자인 요소를 이용하여 이곳이 한국의 채플이라는 것을 보여준다. 청사초롱의 벽등에서부터 가구식 구조까지 구석구석 한국적 건축 요소가 가득하다. 처음에 볼 때는 조금 어색한데 과하지 않은 한국식과 서양식 건축의 적절한 관계를 만들려고 노력한 흔적이 보인다. 서양의 천주교가 한국에 들어왔을 때는 서양식 예배당이 없으니 한옥을 이용하여 종교적 행사를 치를 수밖에 없었다. 그러기에 한옥이 예배당으로 변화하여야 하니 많은 고민이 있었을 것이다. 그런 고민의 결과 한옥 예배당이 탄생한다. 기존의 한옥에 내부공간은 예배에 필요한 공간으로 변화하고 외부에는 예배당이라는 상징적 기표인 십자가가 나타난다. 결국, 하이브리드 공간과 건축이 만들어지게 된다. 변형된 건축이라는 비판도 있을 수 있지만, 건축은 결국 그 시대와 사회를 반영하게 되니 우리의 근대 개화기 상황을 가장 적나라하게 보여주는 것이 바로 한옥 성당일 것이다. 그에 비하면 루스 채플은 그런 상황이 조금 지나가고 근대건축이 한국에 들어오면서 좀 더 일반적인 건축으로 받아들이게 되고 교회는 한국적이라는 서양 선교사의 관점이 합쳐지면서 기존보다 조금 더 진화된 상태가 된다. 이러한 힘든 과정에서 건축가 김석재는 캔틸레버라는 서양식 구조와 건축 방식을 이용하여 종교공간에 필요한 경외감을 외부 공간에서부터 만들어 낸다. 이러한 건축 방식을 통하여 새로운 종교적 감흥을 불러일으킨 것만으로도 루스 채플은 그 어떤 종교 공간보다도 놀라운 곳이다. 거기에 한국적 요소를 넣어 이곳이 한국의 채플이라는 상황을 충분히 보여주고 있다.

한국식 비판적 지역주의(Critical Regionalism)

루스 채플을 설계한 건축가 김석재는 한국의 근대건축 1세대인 김중업의 제자로 1970-80년대 한국의 서양 건축의 도입에 큰 역할을 했다. 건축가의 기존 건축 작품이 주로 교회를 중심으로 이루어진 것으로 보아 루스 채플의 설계에는 개인적인 관심도 작용했을 듯하다.

루스 채플은 헨리 루스(Henry Luce, 1898~1967) 재단의 지원으로 연세대학교 내 대학 교회로 지명 현상설계에서 당선된 설계안이다. 당시 현상설계의 요구 조건은 보편적인 종교 공간이면서 현지 국가나 지역의 특성이 동시에 나타나는 것이었다고 한다. 그 당시 건축주는 어떻게 보면 비판적 지역주의(Critical Regionalism)의 사례를 만들어 보고 싶었던 것이 아닐까 싶다. 비판적 지역주의도 지극히 서양 건축의 관점에서 바라본 것이니 이 개념 자체도 비판받아야 할 것이다. 그럼에도 서유럽 근, 현대건축을 중심으로 유럽의 주변 국가의 건축이나 멕시코, 일본의 현대건축이 서양의 건축을 바탕으로 지역적 특색을 표현하는 방식으로 나름대로 해결하고 있다. 그런 측면에서만 본다 해도 한국은 지금까지 비판적 지역주의조차 잘 풀어낸 건축 사례를 찾기 힘들다.

건축에서 전통건축과 근대 그리고 현대건축의 조합은 항상 어려운 문제다. 1900년대 일본 건축은 유럽의 근대건축을 수입해서 일본의 맥락에 적절하게 조화된 건축을 만들고 싶어했다. 워낙 서로 다른 건축이니 건축의 조합은 쉽지 않았고 심지어 서양 근대건축의 몸통에 동양의 모자를 씌운 제관 양식이 나타나기도 했다. 이러한 우여곡절은 동양국가에서 더 극단적으로 나타나지만, 서양의 서유럽 이외의 다른 국가도 각 지역의 정체성에 근대건축의 보편성을 연결하기가 쉽지 않았다. 그로 인해 근대건축을 비판적으로 받아들여 지역주의와의 조합을 이루어내는 것이 비판적 지역주의이다. 비판적 지역주의를 언급할 때는 한국성이 매번 등장한다. 서양 중심의 건축과 완전히 다른 동양의 건축에 포함되어 있으면서도 주변 국가인 중국과 일본의 건축과도

차별성을 가져야 하는 한국건축의 한국성은 관점에 따라 많이 달라지기 때문에 명확히 정의 내리는 작업 자체가 힘들다. 이제 서양과 일본의 건축이 이 땅에 들어온 지 100여 년이 넘었고 그동안 많은 고민이 있었다. 아직도 해결하지 못한 이슈이지만 루스 채플은 그 고민의 일부인 비판적 지역주의를 제대로 해결한 것처럼 보인다.

> “앞으로 건축 분야에서 논의되어야 할 한국성의 문제는
> 근대건축과 한국 전통건축의 조합이라는
> 루스 채플을 바라보면서 우리가 풀어야 할
> 또 다른 커다란 숙제일 것이다.”

건축설계자료

루스 채플 자료는
연세대학교 홈페이지에서
자세히 알 수 있다.

연세대학교 교목실
https://chaplain.yonsei.ac.kr/chaplain/chapel/luce.do

루스 채플의 한국성 요소

종이접기 건축 _ 폴딩(Folding)과 대지 건축 (Landscape Architecture)

폴딩과 지하건축의 대표 사례 이화여대 캠퍼스 복합단지

04

이화여대 캠퍼스 복합단지(ECC)

도미니크 페로(Dominique Perrault)

캠퍼스 공간과 시간의 연속성

2008년 4월에 개관한 이화여대 정문 쪽의 이화여자대학교 캠퍼스 복합단지(Ewha Campus Complex: ECC)는 한국에서 대학교 캠퍼스 내 새로운 건축의 붐을 알리는 신호탄이 된다. 프랑크 게리(Frank O. Gehry)의 빌바오 구겐하임 미술관(Guggenheim Museum Bilbao)이 전 세계 도시재생의 상징으로 쇠락해가는 도시를 경제적 사회적으로 활성화하는 방법이었는데 그와 유사한 사례의 대학교 캠퍼스 판이라고 해야 할까? 이전에는 눈에 띄지 않아서 잘 몰랐던 이곳의 현대건축이 오히려 사람들의 관심거리가 되었다. 감추면 찾아내려는 것이 사람들의 심리인지 눈에 안 띄니 오히려 사람들은 찾아내려 더 애를 쓰는 듯하다.

ECC는 개관전부터 미학적, 건축적, 그리고 친환경적으로 많은 사람의 관심을 끌어냈고 개관 당시 새들이 유리벽에 부딪혀 죽는 불상사가 많이 발생한다고 생각하지도 못한 부작용까지도 세간의 화제였다. 이후 주변 오래된 캠퍼스의 전통과 어우러지는 새로운 현대건축의 개념을 접목한 연세대의 백양로 프로젝트나 고려대 자연계 캠퍼스의 하나 스퀘어(Hana Square) 같은 캠퍼스 개발이 이어졌다.

ECC 계획 당시 캠퍼스 입구에 그것도 지상에 대형 규모로 새로운 건축이 들어선다는 것은 오랜 역사가 있는 기존의 맥락 입장에서는 커다란 부담이었을 것이다. 고민의 결과 이화여대는 지하 건축을 주제로 2004년 국제건축공모전을 개최하고 프랑스의 대표 건축가인 도미니크 페로(Dominique Perrault)는 이화여대 정문과 기존의 건축 사이에 눈에 띄지 않은 건축을 묻는 지하 같지 않은 지하 공간을 제안하면서 화답한다. 그는 파리 국립도서관의 선큰 가든(Sunken Garden)과 같이 기존의 여러 프로젝트에서도 지하 공간을 자주 이용해 왔다. ECC는 건축을 숨긴 건축물이다. 깊고 넓은 인공 계곡과 같은 공간만이 보여지니 공간과 건축에 대한 궁금증을 유발시키고 그 궁금증에 외부인이 모여든다. 기존의 오래된 건축물이 다양한 방향으로 배치되어 있던 이화여대 캠퍼스에 새로운 거대한 방향성의 공간 축을 형성하면서 캠퍼스가 개방적 공간으로 바뀌었다. 언뜻 보면 예전 그대로를 유지하고 있는 캠퍼스인데 실제 사용하는 공간은 매우 혁신적인 최신의 현대건축인 것이다.

이화여대는 한국에서 가장 오래된 학교 중 하나이며 서울 신촌지역에 이국적인 분위기의 영국식 캠퍼스(Anglo-Saxon Campus)라 불리는 고색창연한 석재 건축과 담쟁이가 많은 대학 캠퍼스의 전형으로 알려져 있다. 이러한 전통의 캠퍼스가 ECC라는 새로운 현대의 지하건축으로 역사와 전통과 함께 최신의 혁신적이고 세련된 현대식 공간을 갖추었다.

내부공간을 다녀보니 수업하는 강의실, 편의시설, 공연장 등

교육과 커뮤니티에 필요한 모든 공간을 제공한다. 말 그대로 복합단지이다. 내, 외부 공간을 한 바퀴 돌아보니 그중 인공 계곡 양쪽 끝부분의 비워둔 내부의 공용공간에서는 어떤 공연과 연주도 다 잘 어울리겠지만 특별히 조수미의 목소리로 뮤지컬 지킬과 하이드(Jekyll and Hyde)에 나오는 Once Upon A Dream이 울려 퍼지면 좋겠다는 생각이 든다. 내부 공용공간은 외부의 대형공간과는 다르게 엄청나게 크지도 않고 그렇다고 아주 작은 소규모 공간도 아니어서 이곳은 오페라도 가요도 아닌 크로스 오버가 아주 잘 어울리는 목소리의 음악이 맞을 듯하다. 음악 중간중간 탄식과도 같은 소프라노의 짧은 숨까지도 귀 기울여 들어보고 싶다.

외부에 노출된 ECC는 매우 단순하다. 양쪽 길에 칼집을 내서 중앙 부분을 밑으로 눌러 내린 형상이다. 이화여대 정문에서부터 ECC의 완만한 경사를 따라 내려가면서 걷다 보면 양쪽의 유리 절벽이 좌우에 들어선 느낌이 든다. 채광과 투명성을 위한 커튼 월(Curtain Wall)의 유리 벽과 금속 핀(Fin)은 온종일 여러 각도로 자연광을 반사하는 소위 빛의 폭포를 만들었다. 건축물의 규모도 상당해서 폭 25m와 길이 250m의 계곡 양쪽에는 지하 6개 층의 연면적 70,000m² 건물을 통째로 파묻었다. 내부 프로그램도 다양해서 대형 강의실, 수십 개의 세미나실, 천여 석의 독서실, 영화관과 극장으로 구성된 복합문화공간이다. 흐린 날의 ECC는 또 다른 매력으로 다가온다. 하늘과 하늘을 반사하는 유리에 가득한 회색은 건축 입면의 금속과 바닥의 석재와 한덩어리가 되어 끝없이 펼쳐진다.

1. 위상학적 접기와 대지 건축 2. ECC 중앙 경사로
3. ECC 외부 경사와 공간의 분위기 4. ECC 공간구성과 분위기

3

4

자르고 접고 연결하는 건축

ECC의 공간구성을 살펴보면 일단 형태가 한눈에 들어오지 않는다. 건축의 형태가 아예 없는 듯하다. 당연히 지하에 공간을 숨기고 묻었으니 외부의 시각적 형태로부터 자유롭다. 그럼 지하 공간에 필요한 프로그램만 모두 다 넣으면 되는 걸까? 대지 일부를 파내고 외부에 노출된 지하 공간인 선큰(Sunken) 공간은 건물 매스가 중심에 있고 그 주변에 지하 선큰 공간을 만드는 것이 보통이라 지상에서 물리적 접근이 어렵고 건물과는 별도의 공간이 제공되어야 한다. 그러나 이곳은 기존과는 정반대로 선큰 공간이 중앙에 있고 건물은 옆으로 비켜났다. 또한, 단층 건축물도 아닌 6층이라는 상당한 규모가 대지 아래에서 제대로 작동하려면 그에 따른 채광과 공조 등 설비와 공간구성이 해결되어야 한다. 지하의 채광 문제는 빛이 들어올 수 있게 파낸 지하광장인 선큰 공간과 연결하여 해결한다. 선큰 광장은 건물의 방향과 프로그램에 따라 위치가 결정되는데 이곳은 대지에 비해 다양한 프로

ECC 커튼 월과 핀(Fin)

그램의 공간이 펼쳐지므로 선큰을 건축물의 중앙에 넣고 좌우에 실들을 넣어서 해결한다. 그리고 그 중앙 선큰을 보행자 동선으로 이용하게 되면서 자연스럽게 경사로 램프와 계단을 넣어 물리적 단절도 피하고 대지 하부의 채광용 광장은 동선의 공간으로 이중 역할을 하게 되었다.

보행으로 사용해야 하니 정문에서부터 학교 내부까지 하나로 연결되는 길이 필요하다. 건축가는 이 문제를 건축물의 중앙 부분을 자르고 다른 부분을 그대로 아래로 내리고 접어서 입구에서 출구까지 끊어지지 않게 연결해서 해결한다.
그 결과 접기(폴딩: Folding)라는 위상학적 방법을 이용하여 새로운 공간의 유형을 만들어 냈다. 이곳은 슬라브나 대지를 종이학을 접듯 명확하고 복잡하게 접어서 형태를 만드는 전형적인 위상학적 접기라기보다는 큰 몸짓의 자르기로 지상의 대지의 중앙 부분을 자르고 자른 부분의 공간적 위치를 수직축으로 변화시키기 위해 아래로 밀어 내린 결과가 마치 종이접기와 같은 결과를 만들었다. 그리고 최종으로는 앞쪽 입구와 뒤쪽 출구를 직접 연결하는 위상학적 관통도, 기존의 대지와 연속되는 대지 건축도 나타난다.

현대건축의 유형은 대부분 복잡하고 쉽게 예상하기 어려운 형태가 특징인 경우가 있다. 그러나 형태만 복잡하고 어떠한 의미가 담겨 있지 않은 예도 있고 형태가 단순하더라도 그 속 안에 숨어 있는 현대사회의 철학적 사회학적 원리가 건축으로 표현되는 사례도 있다. 두 가지를 비교한다면 전자보다는 후자가 더 가치 있는 일일 것이다. 그러나 건축은 대부분 시각화되기 마련이고 눈에 보이는 것을 무시할 수는 없기에 시각적으로만 잘못 평가되기도 한다. ECC는 단순한 유리 벽 내부에 들어 있는 특별한 형태적 특성이 없는 것으로 오해할지 모르지만, 자세히 보면 현대건축의 접기와 관통이라는 위상학적 원리도 나타난다. 그와 함께 기존 건축물과 비교하면 채광과 환기 등 지속가능성의 환경도 동시에 제공된다. 이런 사례가 진정한 혁신이다.

ECC와 기존 맥락의 연결

접기: 폴딩(Folding)과 연속성: 대지 건축(Landscape Architecture)

접기는 들뢰즈의 주름(Pli)에서부터 시작한다. 종이를 구기면 주름이 나타난다. 구겨진 종이를 빳빳하게 펴면 주름은 온데간데없이 사라진다. 그러나 만들어진 주름은 종이에서 벗어나지 못한다. 일단 주름이 많아지면 주름 사이의 경계는 불확실해지고 내부와 외부가 혼동되기 시작한다. 모호함은 명확한 경계의 단절에서 벗어나 공간의 연속성을 강화하면서 공간 전체를 하나의 판으로, 한 덩어리로 만든다. 이 방법을 건축설계에 적용하면 바닥과 벽과 천정이 접혀서 서로 구분이 안 되게 되고 땅과 건축 사이에는 일체화가 나타난다.

ECC 내부 복도의 빛과 분위기

ECC 내부 공간

수직적으로 차이가 나는 레벨을 연결하는 방법은 연속된 경사로인 램프, 단 차이가 나는 계단, 수직 엘리베이터 등을 이용할 수 있는데 각각의 방법마다 장단점이 있다. 보통은 계단을 이용하고 수직으로 차이가 크면 엘리베이터를 이용한다. 경사로는 자연스러운 이동이 가능해서 좋지만, 계단에 비해 같은 높이를 이동하는데 드는 면적이 상당하고 시간도 걸린다. 기능적이며 공간의 효율이라는 측면에서 보면 계단이 답이다. 건물에서 계단을 이용할 경우 계단은 각 층의 바닥판을 직접 연결하므로 도미노 시스템처럼 바닥판은 평평하다. 경사로인 램프의 경우는 바닥판의 연결이 계단보다 자연스럽고 연속되기 때문에 바닥판과 경사로의 경계가 계단보다 명확하지 않다. 만일 바닥판 자체가 기울어져서 경사로의 역할을 한다면 어떨까? 이 경우 바닥판과 수직으로 연결하는 건축적 장치인 경사로나 계단이 사라지게 될 것이다. 바닥판은 바닥도 되고 경사로도 되기에 특정한 프로그램을 위한 공간도 되고 이동에 필요한 동선도 되는 것이다. 그 결과 어디부터 강의실이고 어디까지가 복도인지 실들의 경계가 모호해진다. 기울어진 판 하나가 건축과 공간의 많은 측면을 새롭게 정의한다. 이런 개념이 확장되면 접기가 된다. 기울어짐 자체는 이제 종이접기처럼 연속으로 확장하고 다양한 기울기를 통해 여러 사이 공간을 형성한다. 현대건축에서 프랑스 건축가 클로드 파랑(Claude Parent)과 폴 비릴리오(Paul Virilio)의 건축 사례가 이에 속한다.

건축에서 접기라는 위상학적 연산은 건축물 내부 바닥판의 변형이나 지붕의 경사를 이용하기도 하고 대지를 기울이거나 서로 다른 대지의 레벨을 연결하는 등 다양한 방법으로 풍부한 공간을 연결하는 것이 핵심이다.
2차원의 면을 종이접기하듯이 접어 3차원의 공간을 만들어 내는 것이 위상학적 접기의 기본 원리인데 이는 2차원이나 3차원의 단위유닛을 이어서 반복하고 단위유닛 일부가 연결되면서 연속되면 접기와 같은 효과가 나타난다. 최근의 현대건축은 한발 더 나아가 단위유닛을 이용한 복잡계 건축과 함께 위상학적 수법을 이용하여 복합화하는 경향을 보인다. 하나의 방법으로 하나의 공간구성이나 효과를 만드는 것에서 더 나아가 복합적 수법을 통해 새로운 공간구성과 유형을 표현한다. ECC에서는 중앙동선 공간의 접기와 입구와 출구를 연결하는 관통, 빛의 폭포라 불리는 건축물 양쪽 커튼 월의 반복된 유닛, 건축물 상부 지붕의 정원을 이용하는 대지 건축 등 다양한 공간구성의 경향이 동시에 나타난다.

빛과 수공간

접기 유형의 현대건축을 볼 때마다 떠오르는 그림이 디에고 벨라스케스(Diego Velazquez)의 시녀들(Las Meninas)이다. 이 작품의 제작은 1656년경으로 추측되는데 이 시기는 푸코의 서유럽 역사를 분석한 고고학적 지층에 따르면 르네상스 시대(1500년~1650년)의 재현이라는 관점에서 고전주의 시대(1650년~1800년)로 전환되는 때이다. 기존의 시대적 에피스테메(Episteme)가 완전히 새로운 관점으로 변하게 되는 것을 가장 잘 보여주는 회화작품이다. 초상화의 대상이자 중심인물인 왕과 왕비는 그림에 나타나지도 않고 뒤쪽 거울에 작게 암시되듯이 보인다. 대신 중심인물의 주변 상황만 장황하게 그려내고 있다. 심지어 화가인 벨라스케스 자신도 캔버스 안에 있다. 화가가 본인을 직접 바라볼 수 없으니 어떻게 그렸을까? 직접 대상을 보고 대상과 동일하게 재현(才賢: Representation)하는 것이 최고의 목표였던 르네상스 시대와는 완전히 다른 관점의 에피스테메가 필요한 시대였고 그 관점이 정통으로 역사를 관통하고 있다는 것을 라스 메니나스는 완벽하게 보여주고 있다. 현대건축에서 주름을 이용한 접기는 기존의 건축과는 완전히 다른 새로운 관점이다. 주름이 많아지면 내, 외부 구별도 안 되어서 경계도 모호해지고 대지와 건축의 연속성으로 인해 구분도 되지 않는다. 어린이들이 종이학을 접고 종이비행기를 날리는 것을 볼 때마다 이 새로운 관점이 떠올라 놀라고 정신이 번쩍 든다. 새로운 관점에서 탄생하는 놀라운 혁신은 나와는 무관하게 저 멀리에 동떨어져 있는 것이 아니라 바로 우리 가까이에 있다. 항상 주변을 돌아봐야 하는 이유다.

ECC 랜드 스케이프 건축

"새로운 관점에서 탄생하는 놀라운 혁신은
나와는 무관하게 저 멀리에 동떨어져 있는 것이 아니라
바로 우리 가까이에 있다.
항상 주변을 돌아봐야 하는 이유다."

ECC 지하 공간과 주변 풍경

건축설계자료

이화여대 캠퍼스 복합단지(ECC) 건축설계자료는
Dominique Perrault Architecture 홈페이지에서 자세히 알 수 있다.

Dominique Perrault Architecture- Ewha Womans University
https://www.perraultarchitecture.com/en/projects/2459-ewha_womans_university.html

우리가 몰랐던 새로운 소형 주거

공동주거의 새로운 유형 역삼 이지 소울리더

05

역삼 이지 소울리더 (EG Soul Leader)

조민석
매스 스터디스(Mass Studies)

도심 속 새로운 소형 주거

다양한 편의시설과 교육 환경 때문에 많은 사람이 선호하는 서울 강남지역에는 생활비용과 주거비가 상상 이상으로 높은 초고가 상업 건물과 초고층의 고급 주거 아파트만 있는 것이 아니다. 서울에서 가장 번화한 강남역과 비즈니스 타운이 밀집한 역삼역 남쪽에서 한 블록만 들어가면 큰길가와는 다른 도시 풍경이 나타난다. 아파트로 대표하는 공동 주거와 비교하면 상대적으로 열악한 주거 환경을 가질 수밖에 없는 다가구와 다세대가 밀집되어 소위 빌라촌이라 불리는 주택가를 형성하고 있는 곳을 발견할 수 있다. 4-5층의 규모와 공간을 최대한 이용하기 때문에 형태가 비슷한 건물이 오밀조밀하게 모여 있는 곳에 눈에 띄는 독특한 도시형 생활주택이 있다. 역삼 이지 소울리더(EG Soul Leader)이다. EG건설이 시공사라서 이름 앞에 브랜드로 이지가 붙었다. 유명한 시공사도 아니고 규모가 큰 곳도 아니고 대형 고급 아파트도 아니니 세간의 관심이 크지 않지만, 자세히 살펴보면 예사롭지 않은 형태와 공간구성을 가지고 있는 특별한 곳이다.

공동주택 디자인의 새로운 방법, 위상학

이곳은 일단 공동주택 규모가 5층 이상이라 주택법상 아파트이다. 그렇지만 공동주택이 단지를 형성하지 않고 한 동으로 구성되어 있어 소위 나 홀로 아파트인 셈이다. 주변은 대부분 4층 규모의 빌라와 도시형 생활주택이다. 그렇기에 수십 동으로 구성된 대규모 아파트에 비하면 상대적으로 작기는 하지만 주변보다 규모가 큰 편이다. 규모 때문에 눈에 띄는 것은 아니다. 눈에 띄는 이유는 따로 있다. 건축물이 진한 검은색의 피라미드 같은 형태이기 때문이다. 지상 9층 높이(27.8m) 3개 동으로 구성되는데 3개 동이 서로 비스듬히 맞물려 피라미드 형태의 외관을 만들어 낸다.

역삼 이지 소울리더 매스 배치

건축의 외부형태를 보니 전체적인 설계과정이 머릿속에 그려진다. 1인 주거의 공간을 단위유닛으로 정하고 단위 유닛을 연결하여 쌓아서 하나의 매스를 만든다. 쌓는 방법은 매스를 수직으로 올리는 것이 아니라 경사지게 올린다. 그렇게 만든 3개의 서로 다른 매스를 서로 엇갈리게 배치해서 서로 연결한다. 맞물리면서 생긴 남는 공간은 다양한 공용공간, 편의시설, 조경시설로 활용된다.

기존의 한 층위에 새로운 층이 수직으로 올라가는 것과 달리 이곳은 대지에서 자연스럽게 사선을 형성하는 것은 대지와 건축의 연속성과 함께 현대건축의 위상학적 대지 건축(Landscape Architecture)의 개념을 사용하였다. 그리고 세 개의 매스 사이는 비워진 보이드(Void)가 만들어진다. 또한, 보이드는 매스 사이뿐만 아니라 외부의 피라미드 형태로 인해 기존의 수직으로 올라가는 것에 비해 건축물의 상부 부분에도 발생한다. 상당히 명확한 개념으로 설계한 결과가 건축물의 형태와 공간구성에 그대로 나타난다. 주변 어느 곳도 그리고 기존의 최고라고 하는 유명한 공동주택도 이런 형태와 공간 구성을 가진 곳은 없다. 형태로도 주변에 랜드마크이면서 공간구성으로는 한국 주거 공간의 새로운 지평을 열었다.

1. 입구 2. 입구 통로
3. 역삼 이지 소울리더 매스 연결

이지 소울리더의 공간구성

이곳은 총 99가구로 구성되며 주거 유닛의 전용면적은 12.82~27.67㎡로 구성됐다.

1인 가구에 맞는 소형 주택 규모이다. 각 가구의 배치는 공동주택이라는 프로그램에 맞게 반복 배치했지만, 층이 올라갈수록 뒤로 세트백(Setback)되어 아래층을 베란다(Veranda)로 이용할 수 있는 베란다 하우스이다. 우리는 이런 사례를 테라스 하우스(Terrace House)로 부르지만 잘못 알고 있다. 테라스(Terrace)는 실내에서 직접 밖으로 나갈 수 있도록 방의 앞면으로 가로나 정원에 뻗쳐 나온 곳이라 1층에서만 가능한 공간이다. 대신 이런 사례는 아래층 앞쪽 세대보다 위층 뒤쪽 세대가 높은 위치에 놓인 높이차를 이용하여 자연스럽게 베란다가 만들어지는 타운하우스가 전형적이다. 베란다는 하부의 지붕을 사용한다는 측면에서 일반 아파트 거실에서 외부에 연장해서 만든 발코니(Balcony)와도 다르다. 단어의 정의가 헷갈리지만, 중요한 것은 주거공간이 외부로 확장할 수 있다는 사실이다. 서울의 열악한 주거 환경 중 작고 좁은 공동주택의 경우 각 세대 전용공간에서 외부 공간을 접하기가 쉽지 않다. 그렇기에 발코니와 베란다가 중요한 공간이 된다. 이지소울은 베란다라는 외부 공간을 만들면서 건축 디자인 요소로 확장하고 건축 형태로까지 완성한 놀라운 사례이다. 또한, 세대별 사적 공간의 매스들이 조합되어 만든 사이공간인 공용공간과 프로그램은 다양하게 형성되었는데 1층에는 로비와 입주자 카페, 무인 택배 시스템, 2층에는 북카페 등 커뮤니티 공간이 배치된다. 지하층에는 가구별로 창고가 설치돼 잘 사용하지 않거나 부피가 큰 물품을 보관할 수 있도록 했다. 그리고 외부 공간과 만나는 부분에는 식당, 편의시설 등 근린 생활 시설이 있어 입주자뿐 아니라 주변에 사는 사람들의 생활편의에도 도움을 준다.

역삼 이지 소울리더 공간 구성

매스스터디스와 다이어그램 건축

한국에서 새로운 소형 주거를 제시하는 이곳은 매스스터디스(Mass Studies)의 조민석 건축가가 설계했다.

현대건축의 대표 건축가인 렘 콜하스(Rem Koolhaas: OMA)에서 건축 실무를 한 영향이 이 건축설계에 그대로 드러난다. 건축설계에서 나타나는 건축주 요구사항과 문제점을 해결하기 위해 다이어그램(Diagram)을 이용하여 명쾌하게 풀어나가 그 결과가 최종의 건축 형태와 공간구성이 되는 설계 방법론을 사용한다. 매스스터디스는 지금까지 경기도 파주 헤이리 '딸기가 좋아' 서울 서초동 '부띠크 모나코' 등 다이어그램을 이용하여 과감하고 신선한 발상이 담긴 현대 건축물을 선보였다. 역삼 이지 소울리더는 다이어그램을 이용하여 명쾌한 공간성을 완성했다.

역삼 이지 소울리더 전면부

역삼 이지 소울리더 매스 세트백(Setback)

한국의 아파트는 외국의 것과 조금 다르다

한국의 아파트는 법적으로 5층 이상의 공동 주거로 정의한다. 규모, 배치, 편의시설 등 양적이며 질적으로 다양한 항목과 관점에서 설명되어야 하지만, 그보다는 법적 행정적으로 단순하게 정의하는 것이 요청된 결과인지 모른다. 공동으로 공간을 공유하며 개인적인 사적 공간과 사유 재산의 자유로움이 불편하다는 관점에서 외국은 공동주택을 선호하지 않는다. 그러나 한국에서는 경제적 사회적으로 볼 때 가장 중요한 재산이다. 콘크리트 덩어리나 닭장으로 표현하며 수십억 가치를 부인하는 것은 한국의 상황을 전혀 이해하지 못하는 견해이다. 17세기 네덜란드에서 벌어진 과열 투기 현상인 튤립 파동(Tulip Mania)을 생각하면 한국의 공동주택은 그나마 나은 편인지도 모른다. 물론 한국의 주거 상황을 보면 지금의 한국 아파트보다 다양하고 더 좋은 생활환경을 만드는 것은 꼭 필요하다.

그런 면에서 역삼동의 작은 아파트인 이지 소울리더는 규격화되고 천편일률적인 우리의 생활공간을 다양하게 만드는 하나의 좋은 사례이다.

“이곳이 왜 좋아 보일까 궁금해서 유심히 살펴보면
건축물이 그 답을 하나씩 알려준다.
독특한 형태, 세련된 내, 외부 공간구성, 고급스러운 건축 재료,
여유롭고 다양한 공용 프로그램 등 여러 가지가 다 좋다.
그렇지만 그중 제일은
그곳에서 살고 생활하는 사람들을 배려하고
좋은 공간을 만들려는 건축가의 노력일 것이다.”

역삼 이지 소울리더 빛과 색

역삼 이지 소울리더 입면

건축설계자료

역삼 이지 소울리더는
매스 스터디즈에서 설계했다.

http://www.massstudies.com/

PART. 2

공간을 지각하다

PERCEIVE SPACE

01 서소문 역사공원 & 서소문 성지 역사박물관

02 윤동주 문학관

03 국제 갤러리

04 홍현

05 꿈마루

빛과 그림자 그리고 나 _ 빛이 만드는 건축 현상학

서소문 성지 역사박물관 입구

01

서소문 역사공원 & 서소문 성지 역사박물관

인터커드 건축(Interkerd Architects)
+ 보이드 아키텍트(VOID Architects)
+ 레스 건축(LESS Architects)

서울 도심 속 성지와 나를 돌아보는 경험

도달해서 처음 눈에 들어온 풍경은 꽉 차 있는 것이 아니라 텅 비어있는 것이다. 건축이 아니라 공원이 보인다. 서울 구도심의 공원이라 그런지 도착하자마자 건축으로 가득해서 바로 답사 등 무언가를 해야 하는 다른 곳과 달리 부담감이 없어 일단 마음이 편하다. 지상의 공간은 역사공원으로 멀리에서도 가까이에서도 크게 눈에 띄지 않는다. 공원으로 들어가면 붉은 벽돌과 산화 강판인 코르텐강의 역사박물관 일부가 공원의 풍경 사이로 숨어 있다. 아마도 확실한 목적을 가지고 찾아오는 방문객 이외의 많은 사람은 이곳을 여러 번 지나다녔어도 무심히 지나쳤을 듯한 곳이다. 볕이 좋은 어느 가을날을 골라 서울 도심의 눈에 그다지 띄지 않는 호젓하게 자리 잡은 서소문 성지 역사박물관을 찾았다.

서소문 성지 역사박물관은 서울역과 서소문에 인접해 있다. 주변 환경이 서울의 구도심과 재개발 현장이 섞여 있는 곳이라 어수선하고 그래서인지 아직은 사람들도 많이 방문하는 장소는 아니다. 그러나 서울 구도심의 소위 핫 플레이스로 떠오른 곳들과 연계해서 가볼 수 있다. 우선 남대문시장의 회현역에서부터 시작하는 서울로 7017에서 서울역을 거치는 근대의 길을 따라가다 보면 바로 보인다.

역사박물관 가까이 있는 약현성당 언덕에 올랐다 오는 종교의 과정도 좋다. 또 다른 선택지는 시청 앞 정동길과 서소문 골목 그리고 기차길 건널목을 건너서 오는 낭만의 길이다. 서울 구도심의 여러 방향에서 접근하면서 역사박물관으로 오기 전 각자의 다양한 경험이 한꺼번에 전체를 드러내지 않고 조금씩 자신의 존재를 드러내는 서소문 성지와 자연스럽게 연결되는 과정의 경험은 독특하다.

현재 이곳은 가톨릭 성지 역사박물관과 역사공원으로 조성되었으나 근대 이전에는 차마 말로 표현하기 어려울 정도로 국사범의 처형장과 천주교 박해 등 잔혹함과 비참함의 역사적 현장이었다. 이후, 한국 근대사에서는 근린공원, 중구의 재활용 쓰레기처리장, 공영 주차장 등 도시 개발에 가려져 있던 거의 방치되다시피 한 곳이기도 하다. 이러한 도시의 어두운 면을 도시재생으로 극복하기 위해 2014년 서울시 중구에서 주최한 건축 현상 공모전에서 당선된 인터커드 건축, 보이드 아키텍트, 레스 건축에 의하여 서울시의 공공공간과 천주교 성지라는 추모와 전시공간으로 완성되었다.

서소문 성지 역사공원

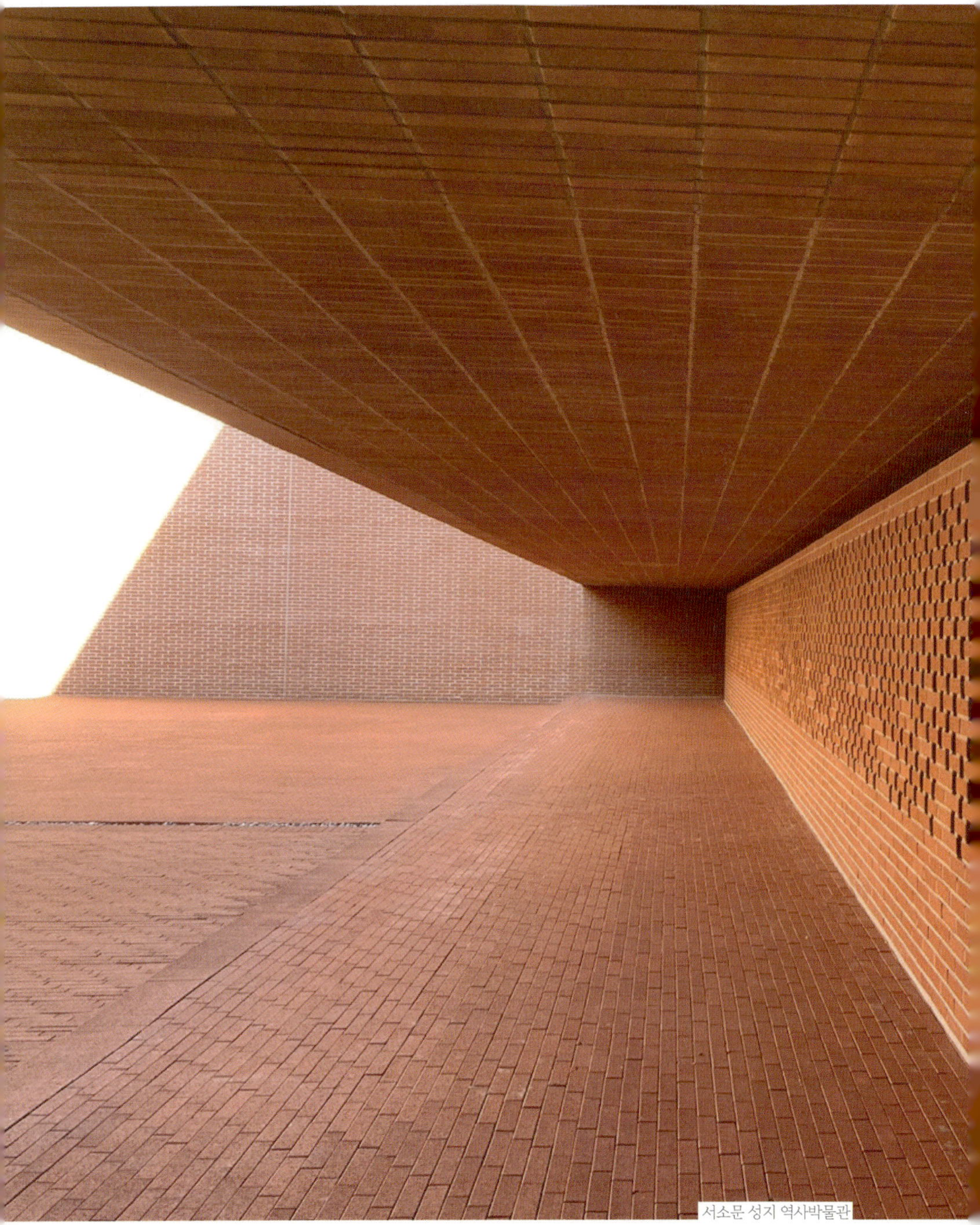
서소문 성지 역사박물관

서울로 7017에서 바라본 서소문 성지 역사박물관

빛과 그림자로 만든 공간구성

서소문 성지 역사박물관과 역사공원을 돌아보면 여러 공간이 눈에 띄지 않게 숨겨져 있어 다소 복잡해 보일 수도 있다. 전체 공간은 크게 서로 다른 성격의 지상의 공원, 지하의 박물관 공간, 그리고 지상과 지하를 연결하는 선큰(Sunken) 광장으로 구성된다. 구도심의 연장선에 놓인 지상의 공간은 주로 공원으로 이루어져서 외부에서 만나는 첫 부분은 역사 추모공원이다. 서소문 성지 위쪽은 역사와 종교의 기억을 살렸고 공원으로 인해 주변을 다니면서 아래에 놓인 건축물을 명확하게 인지하기 어렵다. 공원을 걷다 보면 자연스럽게 박물관 입구로 가는 진입로라고 알려주는 듯한 상징적인 벽돌 건축물과 기다란 경사로 램프(Ramp)를 마주하게 되는데 이곳이 바로 기존 지상 공간의 어지러운 역사의 추모를 위한 새로운 지하 기억의 장소로 떠나는 본격적인 출발점이 된다.

상부의 공원과 달리 역사박물관의 주요 건축물은 과거의 기억을 땅속에 새기기라도 한 듯이 지하 공간을 최대한 활용하여 박물관의 공간을 구성하였다. 공원 내 역사박물관으로 가는 입구인 경사로는 관람자의 이동을 자연스럽게 유도하면서 공원의 하부로 연결되며 내려가면서 첫 번째로 마주하는 하늘광장에 들어서면 비로소 박물관의 입구가 눈에 들어온다. 지상에서 서로 다른 방향으로 나 있는 두 개의 경사로는 빛과 함께 움직이는 길과 경사로 옆 조용히 흐르는 물과 함께 이동하는 동선의 선택이 가능하다. 박물관 입구를 지나 서소문 성지 안으로 들어가면 어느 순간 박물관 내부의 중심 동선과 연결된 어두움이 내려앉은 내부공간 콘솔레이션 홀(Consolation Hall)과 빛이 가득 차 있는 외부 중정인 또 하나의 하늘광장을 마주한다. 순교를 상징하는 서로 다른 공간의 분위기를 마음에 담고 뒤돌아서면 성지와 관련된 전시공간이 나타나고 이 공간을 돌아보고 다시 지상으로 나오면 순례의 과정을 마무리하게 된다.

서소문 성지 역사박물관 입구 경사로

서소문 성지의 건축은 주로 붉은 점토 벽돌을 이용하여 강렬한 역사적 추모공간과 전시공간을 디자인한다. 내가 딛고 있는 발바닥 아래의 붉디붉은 작은 조각의 건축 재료는 사방으로 퍼져나가 광장과 벽을 만들고 하늘 끝까지 올라갈 기세다. 사방이 온통 붉은색으로 둘러싸인 빈 하늘광장. 그 공간에 하늘에서 자연의 빛이 내려온다. 이곳 성지의 중심공간이다. 박물관 내부에서는 방문객이 예측하기 어려운 밝음과 어두움을 이용한 공간의 현상학적 분위기를 경험할 수 있다. 하늘에서 내리는 빛은 땅으로 펼쳐지면서 주변으로

밝힌다. 마주하는 두 공간은 서로 대비되는 건축 재료로 벽과 천정을 만들어 주변을 어둡게 하고 빛을 강조하는 공간으로 이용한다. 하늘광장은 외부에 자연의 햇빛을 한정하고 반대로 콘솔레이션 홀은 내부에 어둡지만 커다란 벽이 공중에 매달려 있는 것처럼 대비되면서 서로의 공간을 연결하여 몸 전체 공감각의 감수성을 극적으로 자극한다. 빛과 어두움 그리고 최신 디지털 미디어 파사드(Digital Media Facade)를 이용한 전형적인 현상학적 건축을 온몸으로 경험하는 공간이다. 외부 중정은 텅 비워진 공간에 빛과 그림자가 시시각각 변화하면서 침잠하는 분위기를 조성하며 내부공간에서는 디지털로 몰아치는 거대한 파도에 가슴이 먹먹해진다.

하늘광장과 콘솔레이션 홀의 공존

1

2

1. 고요함의 공간 하늘광장
2. 전시공간
3. 콘솔레이션 홀 내부 디지털 미디어
4. 콘솔레이션 홀

하늘광장 옆의 또 다른 빛의 공간인 전시공간에서 인공의 빛은 또 다른 역할을 한다. 추모공간 내 특정한 부분을 강조하는 극적인 빛이 아닌 전시공간 전체를 비추는 빛이다. 전시공간을 아우르는 빛. 이와 함께 벽과 천정을 이용한 흰색 곡선 아치의 패턴은 공간의 구성 요소일 뿐만 아니라 전시공간 내부를 비추는 빛의 원천이기도 하다. 그림자도 없이 무표정하게 전시물을 비추는 이곳의 환한 빛은 전시물의 대상을 비추고 전시물에 머물렀던 관람자의 시선은 반복되는 직선과 곡선의 변주된 빛을 따라 공간 깊이 끌려 들어간다. 전시 기능을 위한 빛을 그대로 모두 노출시키는 것이 아니라 반복된 패턴에 넣어 기능도 유지하면서 건축 디자인 요소로도 이용한다.

3

4

역사박물관 입구의 빛과 그림자

빛과 지각의 공간, 건축 현상학

자연의 빛을 이용하여 공간의 분위기를 만들고 방문하는 사람에게 육체적 정서적 경험을 유발하는 서소문 성지는 한국 내에서 건축 현상학을 대표하는 건축물이라 할 수 있다. 건축 현상학이라는 건축과 철학의 개념은 골치 아플 수도 있지만, 누구나 본인 자신이 세상을 대하는 매 순간 느끼고 경험하는 것이니 지식으로써 건축과 철학적 이론은 잘 모른다 해도 일상에서 경험으로는 다 아는 사실이다.

에드문트 후설(Edmund Husserl)과 마르틴 하이데거(Martin Heidegger) 그리고 장 폴 사르트르(Jean-Paul Sartre)를 거쳐 온 현상학은 철학의 중요한 분야이며 모리스 메를로 퐁티(Maurice Merleau-Ponty)는 내 눈앞의 대상을 지각하는 과정과 체험하는 인간의 몸과 지각의 현상학에 관해 이야기한다. 몸으로 느끼는 다감각의 대상과 공간은 건축 현상학에서 몇 가지의 중요한 건축 요소로 발전하는데 그중 대표적인 것이 빛, 색, 수공간 등의 자연요소를 이용한 공간의 분위기 형성이다.

서소문 성지의 역사공원에서 시작해서 외부공간과 내부

공간을 다니면서 다양한 빛과 그림자의 변주를 경험하는 내내 내 귀속을 떠나지 않고 울리던 음악이 프란츠 슈베르트(Franz Schubert)의 현악 4중주 14번 D단조 D. 810 죽음과 소녀(Der Tod und das Mädchen) 2악장이다.3)

음악 속에서 죽음과 소녀는 서로 어울리지 않는 관계인데 처음에 소녀는 죽음을 죽도록 싫어했지만, 시간이 지나면서 죽음의 매력에 홀려 오히려 애원하게 되었다는 시와 음악 속 역설적인 관계와 그 관계의 변화에 대한 생각이 머릿속에서 떠나지 않는다. 빛과 어두움은 죽음과 소녀의 관계보다도 더 원초적인 선택을 할 수 없는 태고의 관계이며 그 안에서 서로를 부둥켜안아야 하지 않은가.

빛과 어두움은 어떤 관계인가? 그림자는 환한 빛과 완전한 어두움에서는 나타나지 않는다. 흐릿한 빛과 진한 어두움이 있을 때 나타나는 그림자. 건축이야말로 세상에서 그림자의 역할을 하는 것이 아닐까?

전시공간의 공간구성

3) String Quartet No.14 (Schubert)
https://ko.wikipedia.org/wiki/%ED%98%84%EC%95%85_%EC%82%AC%EC%A4%91%EC%A3%BC_14%EB%B2%88_(%EC%8A%88%EB%B2%A0%EB%A5%B4%ED%8A%B8)

서소문 역사의 공간은 가까이 다가가면 갈수록 오히려 하늘로 멀어져가서 손으로 잡을 수 없는 그 무언가처럼 역사적 인식을 가지고 빛과 그림자처럼 떼려야 뗄 수 없는 관계로 표현되는 서소문 성지라는 장소에 내 마음을 끌고 앞장서서 천천히 움직이고 펼치면서 헤쳐 나간다. 이 역할을 하는 데 있어 자연의 빛은 단연코 주인공이다. 언제 가 보아도 그 의미와 경험은 특별하겠지만 눈이 부시게 그리고 시릴 정도로 하늘이 푸르른 날에 가 본다면 서소문 성지에서의 현상학적 경험은 도시를 비추는 빛과 함께 내 마음속에 더욱 깊게 새겨질 것이다.

역사박물관 입구의 빛과 그림자

서소문 성지에서 빛과 그림자의 현상학적 경험은 서울 도심 평화의 소녀상에 가서 배가된다. 소녀의 어깨 위에서 빛나는 새는 세월이 지나 어느덧 바닥의 그림자로 남은 할머니의 쪽 찐 머리로 변해있다. 이렇게 빛과 그림자는 서로 다르지만 연결되고 같이 살아가는 것임을 생생하게 보여준다. 서소문 성지에서 빛과 그림자의 건축 공간에 의해 이입된 감정은 자신의 감각을 예민하고 만들고 그로 인해 지각의 대상을 온 세상의 모든 것으로 확장한다. 어떤 상황이든 기념과 추모의 공간에서 일어난 감정의 출렁임은 다른 곳에 가더라도 쉽게 가라앉지 않는다. 이것이 바로 우리 가까이에 있는 빛과 그림자의 건축 현상학이고 공간과 장소와 건축의 힘일 것이다.

건축설계자료

서소문 역사공원 & 서소문 성지 역사박물관의 건축 설계 자료는 인터커드 건축, 보이드 아키텍트, 레스 건축 홈페이지에서 볼 수 있다.

인터커드 건축사사무소/ INTERKERD ARCHITECTS
https://interkerd.com/Seosomun-Shrine-History-Museum]
보이드 아키텍트 V O I D architects
http://voidarch.com/subpage12.html
레스 건축(LESS Architects)
https://www.lessarc.com/work/seosomunmuseum

삶으로의 강요 _ 흔적과 얼룩을 통한 공간의 존재와 장소성

비워진 얼룩

02

윤동주 문학관

이소진
건축사사무소 리옹(Leeon Architects & Urbanistes)

기억의 저편

'하늘과 바람과 별과 시', '별 헤는 밤', '별을 노래하는 마음으로', '내를 건너 숲으로'는 한국 근대를 대표하는 시일 것이다.

셀 수도 없이 많은 윤동주의 시와 시집에는 유독 아스라이 멀리 있는 대상을 그리는 시구가 많다. 어린 학생 시절 강요당하듯이 외웠던 아름다운 시가 나이가 들어서야 조금씩 친밀해지는 것도 가만히 생각해 보면 눈앞의 바로 보이는 것에서 벗어나 주변을 둘러볼 수 있는 인생의 경험과 마음의 여유가 생겼기 때문일 것이다. 그저 낭만적이고 아름다운 시로 기억하기에는 시인의 일생은 역사와 연결된 이야기가 많다. 문학관에 간다고 시인의 삶 일거수일투족을 다 살펴보고 전부 다 알 수 있는 것은 아니지만, 조금이나마 우리네 근대의 역사를 시인의 삶과 시에 투영해서 이해할 수 있다.

그런 종합적인 이해에 윤동주 문학관의 건축과 공간과 분위기가 크게 도움이 될 것이다.

윤동주 문학관 전경

윤동주 문학관 입구

서울 북악산 끝자락에 아름다운 시의 흔적을 담고 있는 곳이 있다. 경복궁 옆 서촌의 가파른 창의문로를 올라가면 한양성곽 길에서 창의문 건너편에 작고 아담한 그러나 단정한 건축물이 바로 그곳이다. 윤동주 문학관은 한양성곽 아래로 서울의 전경이 시원하게 펼쳐진 곳에 자리 잡고 있다. 한눈에 명당자리처럼 보인다. 윤동주의 시만큼 아름다운 곳인 인왕산 자락 언덕배기에 있는 윤동주 문학관은 윤동주 시인의 저항정신, 민족정신, 시 세계를 기념하는 곳이며 2012년 리모델링을 통해 준공된 건축물이다.

서울시 종로구는 폐기된 청운 수도가압장과 물탱크를 리모델링하여 새로운 건축 공간인 윤동주 문학관으로 조성하였다. 한국을 대표하는 시인의 시 속에 있는 우물, 약해진 수도에 압력을 높여 주는 가압장, 오랫동안 사용하지 않아 폐기된 시설물의 흔적과 얼룩. 이 세 가지를 모아서 윤동주 문학관이라는 장소성을 만들어 낸다. 문학관 중앙의 열린 우물을 걸으면서 우리는 세월의 얼룩과 시대의 흔적을 명확하게 바라보게 되고 중정 위에 걸린 파란 하늘을 보면서 다시 한번 우리를 돌아보게 된다. 시간의 흐름에 따른 역사적 사실을 건축 공간과 연결한 이곳의 장소성은 '강은 언제나 강이겠지만 우리는 같은 강물에 두 번 들어갈 수 없다'라는 헤라클레이토스(Heracleitos BC 540-BC 480)의 명언과 함께하면 조금 더 수월하게 이해할 수 있을 것이다.

건축설계를 담당한 건축사사무소 리옹의 건축가 이소진은 기존의 물탱크 중 하나를 열린 우물로, 다른 하나는 전시관이자 닫힌 우물로 전환하면서 물탱크 바닥에서 보는 중정과 하늘에서 윤동주의 시를 연상할 수밖에 없는 스토리텔링을 만들어 낸 장본인이다. 설계 초기에는 눈에 보이지 않았던 그래서 알지도 예상하지도 못했던 복병이었던 물탱크와 이를 윤동주 문학관이라는 프로그램과 연결하여 시인의 시적 감수성으로 시각화하여 새로운 장소성을 만들어 낸 과정은 건축가의 놀라운 상상력을 엿볼 수 있는 대목이다.

세월의 흔적

열린 우물에서 바라본 하늘

나무 우물, 열린 우물, 닫힌 우물을 따라가는 동선과 시간의 경험

윤동주 문학관의 공간구성과 관람 동선은 의외로 간단하다. 오히려 간단해서 사람들은 이곳을 더 명확하게 이해하고 더 큰 감동을 한다. 만연체의 맥시멀리스트(Maximalist)보다 간결한 미니멀리스트(Minimalist)가 훨씬 설득력 있는 법이다. 방문객은 청운동 언덕에 위치한 문학관의 입구에 새겨진 시 '새로운 길'을 읽으면서 문학관으로 들어가게 된다. 바로 나타나는 제1 전시관은 윤동주 생가에서 가져온 나무 우물을 중심으로 시인의 자료와 친필 원고가 있는 시인의 일생을 전시하는 공간이다. 그리 크지 않은 공간이라 다른 미술관이나 전시공간에 비하면 한눈에 전체 공간이 다 들어온다.

바로 뒤돌아서면 나타나는 외부공간인 제2 전시관은 윤동주 시인의 하늘과 바람과 별을 직접 보고 느낄 수 있는 열린 우물의 공간이다. 이곳은 자화상에 나오는 우물을 모티브로 하여 기존의 물탱크 상부를 제거해서 중정을 만들고 물탱크 속 물의 흔적을 고스란히 남겨 두었다. 경사로 램프를 타고 이곳을 지나면 닫힌 우물인 제3 전시관으로 연결된다.

제3 전시관 철문은 마치 철로 만든 감옥을 연상시키며 후쿠오카 감옥에서 광복의 빛을 기다렸을 윤동주 시인의 마음이 느껴지는 공간이다. 그리고 왔던 전시공간을 다시 돌아 나와 윤동주 문학관 바로 뒤에 있는 청운 공원 내 시인의 언덕을 오르면 북간도에 있는 시인의 묘에서 가져온 흙으로 묻은 표석과 시비가 있다. 또한, 이곳에서 조금 떨어진 시인이 다녔던 연세대 캠퍼스 내에도 윤동주 기념관과 시비가 있다.

1. 문학관 옥상 정원과 주변 풍경 2. 문학관 옥상 정원 계단
3. 시인의 언덕 윤동주 시비 4. 우물 속을 거닐다

3

4

문학관의 외부는 예상한 것보다 더 작고 단순한 미니멀리즘 건축이고 내부공간도 크지 않아 문학관에 큰 기대를 하고 방문한 사람 중 실망하는 경우가 종종 있을 듯하다. 그러나 규모가 크지 않고 볼거리가 많지 않다고 얕볼만한 공간이 아니다. 우물과 수도가압장과의 연결성을 통해 만들어 내는 시간과 기억 저편의 시대적 흔적과 세월의 얼룩 그리고 내, 외부를 넘나드는 공간구성은 그 어떤 전시공간보다 뛰어난 평가를 받아야 마땅하다. 문학관 외부에서 바라보는 지붕은 풀로 덮여 있다고 관리 안 된 것으로 오해할 수도 있다. 그러나 그보다는 지붕에서도 수풀을 이용하여 시간성을 그리고자 하는 의도의 결과로 보인다. 항상 단정하게 이발한 말쑥한 신사처럼 보일 수는 없기에 간혹 풀이 많이 자란 때도 있겠지만 방치하고 내버려 두어서 황폐해진 것처럼 보이지는 않을 정도이다. 실제 이곳은 옥상정원이다.

건축가는 과거 수도가압장에서 세월의 흔적을 적절히 보존하고 이용하여 윤동주 시인의 시 속 우물로 환유시킨다. 그리고 물탱크의 보이지 않았던 공간을 증정으로 만들어 새로운 공간적 관점을 부여한다. 그렇게 서로 다른 과거의 흔적을 얼룩으로 기억하게 하는 문학관 공간은 기억의 장소를 만들고 그곳을 통해 우리 자신을 돌아보게 하는 현상학적이며 존재론적 공간의 심오함을 제공한다. 빛과 수공간 등 자연의 요소를 이용하여 우리에게 새로운 감각과 지각을 통해 공간을 일깨워 주는 것과는 다른 공간과 존재 자체를 돌아보게 하는 또 다른 건축 현상학의 표현방식이다.

닫힌 우물

환기 미술관과 골목

환기 미술관

문학관 내부를 둘러보고 있자니 흔적에 관련된 많은 것들이 떠오른다. 잭슨 폴록(Jackson Pollock)2)의 액션 페인팅(Action painting)은 그야말로 흔적이 전부이다. 그 어떤 것도 말하지 않고 의미도 알 수 없다. 그저 화가의 행동 결과가 작품으로 드러난다. 그림의 대상이나 진리에 대한 의 미를 그려내는 것이 아니라 그 과정과 몸짓을 흔적으로 보여주는 것이다. 우리는 이러한 흔적을 살펴보면서 화가가 무엇을 찾고자 했는지 진리는 대체 어떤 것인지 역추적하면서 추론을 할 뿐이다. 직접적인 대상을 모사하거나 그 특징을 그려냄으로써 우리에게 진리를 보여주려던 많은 미술 작품과는 완전히 다른 시도이다. 건축도 형태로 프로그램으로 공간구성으로 많은 것을 보여주지만 어쩌면 내가 만든 어설픈 공간보다 버텨온 시간의 단면을 보여주는 오래된 담벼락 하나가 더 큰 것을 말하는지도 모른다.

---

2) 잭슨 폴록
https://ko.wikipedia.org/wiki/%EC%9E%AD%EC%8A%A8_%ED%8F%B4%EB%A1%9D

문학관 근처 부암동의 건축가 우규승이 설계한 환기 미술관은 윤동주 문학관에서 느낀 시간성과 장소성을 통한 존재론적 공간을 동선과 움직임이라는 또 다른 방법으로 보여준다. 아래쪽 미술관 입구에서부터 계단을 오르면서 보이는 미술관을 인지하면서 전시공간 입구에 도달하게 된다. 전시공간으로 들어가면 중앙에 내부 중정이 위치하고 중정을 타고 계단이 두 갈래로 나누어져서 좌우로 돌게 된다. 한 층씩 올라가면서 내가 지나온 공간을 다시 돌아보게 되고 제일 높은 전시공간까지 가면 천장을 통해 아래층 중정으로 내려오는 빛을 확인할 수 있다. 전시공간은 외부 공간과도 연결되고 연장되어 회유와 반추라는 시간성의 체험을 제대로 할 수 있다.

윤동주 문학관 건너편 창의문

1. 선유도 공원의 풍경 2. 선유도 공원의 입체 공간
3. 선유도 공원의 수공간

삶으로의 강요

우리는 살면서 항상 힘들다, 바쁘다, 정신없다, 생각 없이 산다고 자책하는 때도 있다. 내 의지대로 살아갈 수 없는 복잡한 현대사회에서 어찌 보면 당연한 결과일지도 모른다. 이 사회는 우리에게 마치 부속품처럼 의미 없는 하루를 보내고 지친 몸을 쓰러지듯 누이면서 살아야 하는 삶을 강요한다. 강요라는 단어에는 자발적이지 않고 좋지 않은 어감이 묻어 있지만, 내 의지대로 살아가기에 버거워 간혹 못 이기는 척 억지 강요에 몸을 맡기고 싶은 적이 있지 않던가?

우리가 현재 살고 있는 이 사회는 건축 분야에서도 기존 과는 다른 새로운 삶을 지속적으로 강요한다. 도시가 오래 되면 건축 같은 하드웨어는 어쩔 수 없이 손을 댈 수밖에 없다. 최근에는 기존의 건물을 철거하고 완전히 새로운 신축을 하기보다 소위 복고 또는 레트로(Retrospect)라는 분위기를 위해 기존의 일부를 남기고 필요한 만큼만 덧붙이는 리모델링에 관심을 둔다. 윤동주 문학관과 유사하게 산업 유산을 리모델링한 프로젝트로 조성룡 도시건축의 선유도 공원이 있다. 한국 현대건축을 대표하는 최고의 작품 중 하나로 인정받는 선유도 공원은 양화대교와 맞닿은 한강 한복판에 있는 작은 섬 속 오래된 선유 정수장 시설을 활용한 재활용 생태공원이다. 건축가는 건축공간과 자연 환경의 관계, 시간성에 따른 다양성, 그리고 지각하는 매개의 풍부함을 통해 빼어난 장소성과 역사성의 건축을 실현했다. 기존 정수장의 기능적 공간을 적극적으로 이용해 공간의 시스템과 입체적 동선을 형성하고 조경과 자연 환경을 이용해 시각적 뷰와 감각적 분위기를 섞고 오래된 시설에 현대건축을 심어서 시간성을 지각하게 하는 삼중의 레이어가 입체적으로 겹겹이 쌓여 있다. 기존 산업 시대의 결과물인 콘크리트는 폐기하면 아무 쓸모도 없는 철거물에 불과한데 기존의 사라진 가치를 적절히 비우고 남겨서 오히려 새로운 건축이 만들기 어려운 시간의 결과물로 재탄생하게 되었고 그에 따른 새로운 가치를 부여하게 되었다.

신축이든 리모델링이든 새로운 건축적 손짓은 기존의 건축과 주변의 맥락을 변하게 할 수밖에 없다. 건축가는 고민한다. 어떻게 건축적인 관여를 할 것인가? 어느 부분을 얼마만큼 남길 것인가? 결국, 새로운 건축은 들어가야 할 공간을 이해하고 주변을 살피고 프로그램을 확인하여 가장 적절한 몸짓을 취해야 한다. 지금까지 서양의 건축에서 시각은 그 어떤 감각보다도 우위에 있었다. 그러나 이제 건축은 이집트 예술처럼 시각에서 벗어나 만짐이 중요한 행위인 예루살렘 통곡의 벽처럼 촉각적 질감으로 말하기 시작했다. 시각과 촉각은 감각이라는 측면에서는 현상학이라는 범주에 같이 포함되지만 시각과 촉각은 지각의 방법과 인식의 결과가 다르다. 복합적 다감각이 제일 좋지만 현대로 올수록 이미지 중심의 시각적 지각이 주를 이룬다. 그런데 윤동주 문학관은 우리에게 오래된 콘크리트의 흔적과 얼룩으로 세월을 읊조린다. 지금까지 우리는 경제적 성장과 확장을 위해 역사의 흔적 지우기에 몰두했으나 이제는 오히려 얼룩 만들기에 집중해야 할 판이다. 새로운 건축은 자연스럽게 또 다른 얼룩을 만들고 그로 인해 우리는 우리의 삶을 살라는 강요 속으로 빠져들게 될 것이다. 그런 관점에서 볼 때 이곳은 보고 만질 수 없었던 오래된 세월의 얼룩을 뒤집어 하늘 아래에

청의정 천장과 지붕

명확하게 드러내는 건축적 작업을 통해 새로운 자신의 존재와 장소성을 확보하고 그를 통해 잘 살아가라고 우리 앞에 있는 현재와 미래의 삶에 대해 선한 강요를 한다. 억지로라도 살라고 손을 잡아끌고 가는 강요가 아니라 우리 옆에 조용히 와서 슬쩍 어깨로 가볍게 툭 치면서 스스로 다시 힘을 내서 살아보자고 일어서게 해 주고 위안을 주는 그런 느슨하고 선한 강요 말이다.

다른 계절도 좋지만 개인적으로는 11월 만추에 문학관을 방문하는 것을 선호한다. 좋은 건축의 한복판에서 역사의 세월의 흔적을 돌아보면서 바람에 스치는 듯한 쓸쓸함이 느껴지고 다비드 오이스트라흐(David Oistrakh)가 연주하는 브람스 바이올린 소나타 1번 G장조 Op. 78[3]의 멜로디가 그리워진다. 1악장의 주제가 2악장으로 그리고 다시 3악장으로 넘나들며 지속적으로 반복되는 독특한 구조의 소나타 형식이다. 악장마다 주제가 각각 독립된 기존의 소나타 형식과는 다른 그래서 연주가 시작되면서 나오는 주제가 마지막 악장의 마지막 음까지 잘 끌어주는 그런 친절하고 선한 강요와 같은 음악이다. 역시 가을은 브람스의 계절인가보다. 문학관 건축과도 잘 어울려 그 여운이 오래간다.

3) Violin Sonata No. 1 (Brahms)
https://en.wikipedia.org/wiki/Violin_Sonata_No._1_(Brahms)

건축설계자료

윤동주 문학관 건축설계자료는
건축사사무소 리옹 홈페이지에서 자세히 알 수 있다.
건축사사무소 리옹, Leeon Architects & Urbanistes
https://leeonarchitects.com/project#/2012-poet-yoon-dongju-memorial-museum/

건축의 외피

건축의 경계와 외피의 관계

03

국제 갤러리

SO-IL
(Solid Objective-Idenburg Liu)

한 땀 한 땀 뜬 그물코 건축

광화문에서 국립현대미술관 서울을 지나 삼청동길을 따라 가다 보면 독특한 형태와 조각으로 인해 눈에 띄는 미술관이 있다. 국제 갤러리 K1으로 이 길을 지나는 사람은 누구나 한 번쯤 쳐다보게 된다. 조너선 보로프스키(Jonathan Borofsky)의 '지붕 위를 걷는 여자'라는 작품은 1995년부터 이곳 지붕을 지키고 있다. 미술관 옆 골목으로 들어가면 오른쪽에 규모가 큰 단순한 형태의 K2가 나타나고 조금 더 들어가면 오늘의 주인공 국제 갤러리의 세 번째 전시공간인 K3가 있다. 골목 깊숙이 들어가 있어 북촌 큰길에서는 보이지도 않는다.

단순한 흰색 박스에 금속 매쉬(Metal Mesh)를 두른 미술관은 북촌 골목길 사이에 숨어있어 멀리서 다가갈수록 다른 표정을 보여준다. 국제 갤러리는 커다란 하나의 건물이 아니라 세 개로 나눠진 매스들로 구성되어 있다. 각 미술관의 건축은 기획 당시의 최신 건축을 대표하고 상징하는 건축을 보여준다. 국제 갤러리 K1은 구성주의적 형태를 강조한 듯 눈에 띈다. 국제 갤러리 K2는 기능적이며 규모가 가장 크다. 국제 갤러리 K3는 젊은 건축가를 동원해서 실험적인 측면을 부각시켰다. 국제갤러리는 마치 미술관 자체가 미술 작품인 것처럼 보인다. 미술작품의 전시를 위해서 건축인 미술관이 필요하듯이 도시가 미술관이고 미술관이 미술 작품이 되는 것은 건축 작품의 전시를 위해서는 그보다 더 큰 공간인 도시가 필요한 것이다.

멀리 보면 직육면체를 중심으로 원통형과 다양한 곡선형의 기하학적 조합에 스타킹과 같은 부드러운 그물로 싸놓은 듯 보인다. 가까이 가서 보면 건축 외피인 금속 매쉬는 일반적인 철망이 아니라 고리로 엮여진 것이고 흰 매스와 금속 매쉬 사이의 빈 공간과 흰 벽에 투사되는 매쉬의 그림자가 빛에 의해 변화되는 것을 느끼게 된다. 빛과 그림자를 이용한 현상학적 건축장치의 효과다. 주 출입구의 공간이 매우 독특하다. 짧은 스타킹을 한껏 추켜올리듯 당겨서 고정한 매쉬때문에 입구 쪽 사이공간은 더욱 커지면서 입구의 형태가 더욱 명확해진다. 옆쪽을 따라 건축물 전체를 돌아본다. 뒤쪽은 앞쪽과는 다르게 여유 있는 뒷마당과 함께 매쉬없이 유리로만 만들어 외부와 시각적으로 연결된 곡선의 형태가 나타난다. 다른 쪽에는 외부 계단이 철망에 싸여있다. 건물은 사면이 각각 서로 다른 형태와 표정이 있는데 보자기로 물건 싸듯 금속 매쉬로 전체를 부드럽게 감싸서 하나로 만든 것처럼 보인다. 마치 장인이 그물코를 하나씩 엮은 것 같은 디테일이 놀랍다.

1. 국제 갤러리 K3 외피 노출 콘크리트 2. 국제 갤러리 K3,
3. 국제 갤러리 K3 외피 금속 매쉬

1

2

3

금속 매쉬

매스의 기하학적 형태

미술관 내부로 들어가면 전형적인 전시공간이 우리를 맞이한다. 외부의 형태와는 다른 완전한 직육면체의 백색 공간이다. 들어가자마자 바로 펼쳐지는 전시공간은 또 한 번 당황스러우면서도 신선하다. 바깥에서 보이는 원통형은 무얼까? 궁금해 전시를 살펴보면서 뒤쪽으로 가니 곡선의 유리로 만든 지하로 가는 계단이 나타난다. 가뿐하면서도 투명한 공간이다. 사실 지상의 전시공간은 규모가 그다지 크지 않다. 대신 갤러리에 필요한 강의실, 화장실 등 다목적 공간은 지하에 숨어 있다. 지상보다 대략 3배 정도의 큰 공간을 연결하는 것이 우아한 유리 계단이다. 자세히 보니 계단 위쪽, 유리벽 안쪽에 아주 가는 원형기둥 2개가 위치한다. 갤러리 도면을 찾아보니 외부에서 보였던 원통은 지하로 가는 엘리베이터이다.

미술관 입구 디테일

지하 공간 연결하는 유리통로

건축의 가벼움과 투명함

국제갤러리 K3는 플로리안 아이덴버그(Florian Idenburg)와 징 리우(Jing Liu)의 SO-IL(Solid Objective-Idenburg Liu) 건축사무소가 설계했다. 2010년 현대카드 YAP(Young Architects Program)에서 폴 댄스(Pole Dance)로 우승하면서 한국과 맺은 인연이 국제갤러리 K3까지 연결된다.

이들에게는 낯선 한국 북촌이라는 장소성과 지역성에 대한 고민이 컸을 것이다. 국제갤러리의 건축개념으로 한옥과 현대 전시공간의 조화를 한국 도자기의 유연성, 정선의 장안연우(長安烟雨) 등 한국 전통예술에서 영감을 얻어 안개로 정의한다. 장안연우는 영조 17년(1741년) 봄에 서울 장안을 북악산 서쪽 기슭에서 내려다 본 정경을 겸재 정선이 그만의 독특한 진경산수화법으로 그려 놓은 그림이다. 연무에 잠긴 도시의 풍경과 연무 위 남산과 멀리 보이는 남쪽 연봉들이 대비되면서 환상적인 분위기를 자아낸다. 서양의 인상주의나 윌리엄 터너(William Turner 1775~1851)가 그린 풍경화에 버금가는 명화이다. 외국인이 한국 전통예술에서 받았다는 영감에서 한국인인 나는 연기라는 뜻의 이탈리아 벽화 기법인 스푸마토(Sfumato)가 떠올랐다.

금속 매쉬 디테일

국제갤러리 K3 외부 배면

" 미술작품의 전시를 위해서 건축인 미술관이 필요하듯이
도시가 미술관이고 미술관이 미술 작품이 되는 것은
건축 작품의 전시를 위해서는
그보다 더 큰 공간인 도시가 필요한 것이다. "

국제갤러리 K3를 구성하는 다양한 건축 재료의 만남

아이덴버그와 리우는 서로 다른 건축적 배경을 가지고 있지만, 일본 SANAA(Sejima And Nishizawa And Associates)에서 일하면서 만났다고 한다. 이 사실을 알고 나니 국제 갤러리의 건축설계에 대한 이해가 더욱 커졌다. 프로그램의 재해석, 주변과의 관계 재설정, 불명확한 경계, 투명하고 가벼운 건축, 사이공간 등 모든 건축어휘가 SANAA가 추구하는 건축이다. 설계의 핵심은 단순한 기하학적 형태를 그물코의 매쉬로 감싸 형태를 완화하고 사이 공간을 만들고 주변과의 경계를 흩트려서 새로운 공간의 경험을 만들어 내는 것이다.
그와 함께 눈여겨봐야 할 곳은 1층 전시공간 뒤쪽에 위치한 지하로 내려가는 곡선계단의 상부 유리와 기둥의 처리이다. 놀랄 만큼 섬세하고 가벼우면서도 눈에는 띄지 않는데 꼭 필요한 기능으로 작동하는 건축, 이런 특성이야말로 기존의 건축이 하지 못하는 현대건축의 능력이다.

북촌의 작은 골목 안에 숨어 있는 작은 갤러리 K3는 비록 규모는 작지만, 한국 다른 어느 곳에서도 볼 수 없는 파격적인 현대건축을 보여주는 커다란 보석이 아닐까 싶다.

건축설계자료

국제 갤러리 건축설계자료는
SO-IL 홈페이지에서 자세히 알 수 있다.
http://so-il.org/

조각보 건축

위상학적 관통

04

홍현(紅峴)

인터커드 건축
(Interkerd Architects)

북촌의 붉은 고개 홍현

한국 구도심을 대표하는 서울의 북촌을 다녀보면 한옥뿐만 아니라 근대건축에도 붉은 벽돌이 사용된 것을 알 수 있다. 정독도서관을 중심으로 하는 이 마을을 홍현(紅峴)4)이라고 불렸는데 기원은 종로구 화동 22번지 정독도서관 남쪽에 있던 고개로서, 고개의 흙이 붉은색을 띠고 있으므로 붉은 고개, 붉은 재라 하고, 이것을 한자명으로 표기한 데서 유래되었다. 그래서인지 이곳의 건축도 옛 정취의 적벽돌이 중심이 된다. 붉은 벽돌은 오래된 우리의 전통적 건축 재료인데 근대의 역사로 인해 적벽돌은 일본과 연관되어 연상된다. 그래도 이곳은 지명 자체가 홍현이니 다른 곳보다 적벽돌에 대해서 관대하고 너그러울 듯하다. 자라보고 놀란 가슴 솥뚜껑보고 놀란다더니 북촌전시실 사이로 보이는 서울교육박물관은 영 불편하게 보인다.

---

4) 홍현(紅峴)
https://terms.naver.com/entry.naver?docId=406107&cid=43722&categoryId=43722

북촌의 중심거리인 북촌로 5길을 걷다 보면 정독도서관으로 가는 경사로 옆으로 단순한 형태의 작은 건축물들이 나란히 서 있다. 작지만 비슷한 규모의 건축물이 붉은 벽돌, 티타늄 아연판, 반투명 유글라스(U-Glass) 등으로 다양하면서도 정돈되어 배열되어 있다.

이 동네에서는 건물과 옆 건물이 붙어 있는 것이 보통인데 이곳은 건물 사이에 계단이 나온다. 건물 중간의 계단은 북촌로에서 계단 위쪽 서울교육박물관의 앞마당으로 연결되 며 도로에서 바로 정독도서관으로 갈 수 있는 지름길이다.

독특한 건축 공간구성 때문에 길을 걷다 보면 자연스럽게 눈이 가고 호기심에 멈추게 된다.

홍현 북촌 전시실과 계단

홍현 주 계단 상부 광장

비빔밥/조각보 건축

북촌마을을 구성하는 대표적인 주거 양식인 도시 한옥은 마치 그리드처럼 작고 규칙적으로 구획되었고 공공 공간도 오래된 전통 마을의 구성을 따라 자연스럽게 서로 어울리면서 배치된다. 그 가운데 유독 규모가 큰 정독도서관은 도시 맥락과 어울리지도 않고 게다가 기존에는 담으로 둘려 있어서 더욱 고립된 상태였다. 정독도서관은 원래 경기고등학교가 있던 곳이다. 학교가 강남으로 이전하고 도서관으로 개관하게 된다. 예전에는 학교가 지금과 달리 명확한 교육의 훈련장이었고 그로 인해 주변과의 경계가 명확했다. 학교, 군대, 감옥이 별로 다른 것이 없는 훈육의 공간이라는 사실은 건축만 봐도 알 수 있다. 바르게 읽는다는 정독(精讀)을 이름으로 하는 도서관의 좋은 취지와 수많은 벚꽃의 낭만적 장소도 학교의 담장을 넘어서기는 어렵다. 종로구는 이런 도시적 맥락을 재평가하고 소통을 위해서 과감하게 정독도서관의 담장을 허물고 이곳에 작지만 마을에 꼭 필요한 공공 공간들을 넣는다. 그리고 건축물 사이공간은 대지의 레벨 차를 이용하여 사용자의 동선뿐만 아니라 외부 공간에서 쉴 수도 있는 계단으로 연결한다. 막힌 곳을 열어주는 건축적 제스처가 공간과 사용자 활동에 놀라운 변화를 일으킨다.

홍현의 프로그램은 북촌마을 관광 안내소, 북촌 전시실, 엘리베이터, 공공화장실 등 실용적이면서도 재미있는 것으로 구성한다. 필요하지만 그리고 서로 어울릴 것 같기도 하지만 없어서는 안 될 것 같은 그런데 다시 살펴보면 지금까지 없었어도 잘 지냈던 네 개의 공간은 마치 옛 조각보나 비빔밥을 연상시킨다. 옷을 만들고 남은 천 조각을 모으고 모아서 만든 조각보는 처음부터 계획해서 색과 크기를 정하지 못한다. 언제 어떤 조각이 모여지느냐에 따라 결과가 달라진다. 오래된 커다란 옷을 리폼하고 남은 천 조각 몇 개를 요리조리 꿰어 만든 놀라운 결과물이 조각보다. 이런 특징이 서로 비슷해서 이곳의 건축을 조각보 건축이라 부르고 싶어진다. 서로 다르고 각자의 정체성이 있지만 자기를 내세우지도 않고 그렇다고 하나로 흡수되지도 않는 작은 건축이 모여서 조화를

이룬다. 마치 오페라 주인공의 독창이나 듀엣보다 여러 명이 같이 부르는 중창이 어렵지만 어우러져서 놀라운 하모니를 만드는 것과 유사하다.

홍현 외부 경계 공간

이곳의 프로그램 중 가장 재미있고 멋진 곳이 화장실이다. 이렇게 아름답고 오감으로 느낄 수 있는 화장실이 또 어디 있을까 싶다. 화장실이야말로 기능적으로 접근한다. 여자와 남자의 성별 구별은 당연히 명확하여야 하고 변기의 개수도 같아야 한다는 성차별의 민감함도 나타난다. 게다가 많은 사람이 동시에 사용하니 위생은 당연하다. 그리고 시각적으로 보여서는 안 되는 사적인 공간이다. 그러기에 지금까지는 그런 요구사항을 만들어 내기에 급급했다. 그런데 이곳은 기능적인 요구사항을 다 만족하면서도 화장실 공간을 하나의 좋은 경험의 공간으로 만들고 싶어 한 듯 입구에서 각자의 화장실로 가는 복도에서 하늘을 바라볼 수 있고 영롱쌓기로 벽돌 사이사이 빛이 들어온다. 심지어 남자 화장실의 일부 공간은 북촌로 쪽에서 보면 수직 레벨 차이에 의해 공중에 떠 있다. 해우소의 현대판이라고 느낄 정도로 설계에 정성을 들이고 세심하게 배려한 것이 바로 느껴진다.

홍현은 각각의 프로그램도 좋지만 작은 건축 사이의 계단이 단연코 압권이다. 북촌로와 교육박물관의 대지는 수직적 레벨이 차이가 나서 바로 연결할 수 없다. 이런 레벨 차이는

공공화장실의 하늘

보통 계단으로 연결한다. 그런데 이곳의 계단은 단지 기능적으로 연결하는 것을 넘어서 여가를 보낼 수 있는 공간이 된다. 그런 의도에서인지 계단이 다른 곳과 조금 다르다.
일반적인 계단 사이사이에 놓인 넓은 계단에서는 몇몇 친구들이 앉고 서서 대화를 할 수 있고 한쪽은 계단까지 넘나드는 조경이 자연스럽게 놓여있다. 최근 현대건축 속 계단은 낮고 높은 곳을 연결하던 기능적인 건축 요소의 역할에서 벗어나고 있다. 도서관을 가도 카페를 가도 이제는 평평한 곳에 테이블과 의자를 놓고 책보고 차를 마시는 것이 아니라 공간 자체가 변화하여 계단을 이용하여 머무를 수 있게 하여 테이블과 의자 필요 없이 친구와 계단에 주저앉아 책도 보고 수다도 떨고 차도 마시는 것이다. 그 결과 한쪽 구석에서 엘리베이터 옆에 있거나 뒤쪽에서 비상시의 통로로만 사용되던 계단이 이제 공간의 중심으로 나오게 된다. 그런데 홍현에서는 외부 계단이 그 역할을 하고 있다. 동네 길 가다 지인 만나 수다 떨던 옛일이 다 사라진 줄 알았는데 이곳의 계단은 그 역할을 다시 하는 것이다.
별것 아닌 것 같은 계단 하나가 우리의 생활을 바꿔 놓을 수 있다는 사실이 얼마나 중요한 것인지 절실히 깨닫는다.

홍현 외부 공간

북촌의 중심길에서 계단으로 올라서면 적벽돌로 만든 오래된 근대건축인 서울교육박물관의 마당이 나온다. 마당은 북촌길에서는 보이지 않는다. 계단을 올라서면 비로소 보이는 마당은 생각보다 넓고 마당에서 북촌의 전망을 감상 할 수 있다. 높지 않은 교육박물관 앞마당에 서면 모든 건축물이 마치 예전부터 이 자리에 있던 것과 같은 풍경으로 다가온다. 마당 주변에는 서울교육박물관보다도 오래된 것처럼 보이는 커다란 나무들이 울창하게 서 있다. 이 숨겨진 마당을 걸으면서 주변의 풍경을 즐기는 것도 매우 좋은 경험이다.

그리고 홍현을 구성한 프로그램 중 가장 놀라운 현상학적 공간인 공중화장실로 갈 수 있다. 적벽돌로 쌓은 복도를 거치면 벽돌 사이로 햇빛이 드는 화장실이 나온다. 서울 시내 가장 좋은 무료 공중화장실 중 하나라고 해도 손색이 없다.

물론 화장실 옆 반투명한 엘리베이터와 안내소와 전시실도 내부공간이 정겹고 독특하다. 그리고 그사이 공간을 계단이 연결해주어 외부 공간들이 연속성을 가지게 된다. 다양한 건축 재료를 이용하여 현상학적 분위기 조성하고 적절한 스케일로 틈새를 만드는 인터커드 건축의 세련되고 능숙한 솜씨로 우리의 공간 경험은 최고치가 된다. 홍현은 작지만 큰 건축이다.

“서로 다르고 각자의 정체성이 있지만
자기를 내세우지도 않고 그렇다고 하나로 흡수되지도 않는
작은 건축이 모여서 조화를 이룬다.”

홍현의 반투명 엘리베이터와 마당

건축설계자료

홍현 건축설계자료는
인터커드 홈페이지에서 자세히 알 수 있다.

https://interkerd.com/Honghyun-Bukchon-Information-Center-Facilities

자신을 비추는 자연의 거울 _ 수공간이 만드는 분위기

꿈마루 사색의 공간

05

어린이 대공원 꿈마루

나상진, 조성룡 도시건축 + 최춘웅

지금의 꿈마루가 되기까지

꿈마루, 이름을 들으면 미소가 절로 나는 예쁜 이름의 장소에 간다. 막연히 이름처럼 평화롭고 행복하기 그지없을 듯한 그리고 순정 만화에 나오는 순진무구한 동화 속 공간일 거라고 예상하고 간 어린이 대공원 속 꿈마루는 기대한 것과는 전혀 다른 자태로 서 있다. 처음 가본 사람은 대부분 당황하면서 실제 눈 앞에 펼쳐진 건축물 앞에 서서 한동안 멍하니 바라보며 기대와 현실의 괴리에 적응할 버퍼링 시간이 필요하다. 일단 마주하는 거대한 건축물 정면의 규모와 무게감이 대단하다. 어딘가 어린이 대공원과 어울리지 않는 과도한 위엄에 대해서는 꿈마루와 연결된 역사의 설명과 이해가 필수다.

조선 시대 이곳은 순종의 비 순명황후 민씨의 능이 있던 곳을 일제 강점기에 골프장으로 개발하였다. 1968년 개발 당시 건축가 나상진에 의해 클럽하우스가 세워졌는데 콘크리트의 원초적이고 야만스러움이 느껴질 정도의 브루탈리즘(Brutalism)5) 건축양식이다. 이후 어린이 대공원으로 전환하면서 교양관 등으로 활용되다가 최근에는 서울시 미래유산으로 선정되었다. 그리고 건축가 나상진의 재조명과 함께 건축가 조성룡과 현 서울대학교 건축학과 최춘웅 교수의 재해석을 통한 원형 복원과 개축 과정을 거쳐 현재의 방문자센터와 문화공간으로 변화했다. 이런 역사의 우여곡절을 겪으면서도 지금까지 당당하게 서 있는 모습이 기특하면서도 안쓰럽다. 방방곡곡 안 아픈 역사가 없는 반도의 땅이지만 특히 이곳은 힘든 시대를 살아 내면서도 자식에 대한 유별난 애정으로 그들의 꿈을 마음껏 펼치라는 부모의 바람까지도 느껴지는 소중한 곳이다.

---

5) Brutalist architecture
https://en.wikipedia.org/wiki/Brutalist_architecture

어린이 대공원 내 꿈마루

어린이 대공원 내 꿈마루 전경

첫 대면의 어색함을 어느 정도 극복했다면 이제 구석구석 돌아다녀 볼 차례이다. 건축물 자체는 부담스럽다고 해도 주변의 자연환경과 적절한 관계를 맺으며 자리 잡고 있고 안쪽에는 다양한 공간과 즐거움이 숨어있다. 일반적인 건축이 벽과 천정을 만들어 내부공간을 만드는 것에 치중한다면 꿈마루는 내부공간을 경계 짓고 한정하는 벽체가 많지 않아 안으로 들어가도 외부의 공간과 분위기가 그대로 계속 연장된다. 이리저리 다니다 2층에 올라서 뒤쪽으로 가면 멋 부리지 않는 단순한 직사각형의 수공간이 나온다. 그리고 수공간 주변에 빛을 받으면서 즐거운 해바라기와 널어 말리기를 할 수 있는 휴식 공간이 펼쳐진다. 이번에 관심을 두고 하고 싶은 이야기가 이곳에 있다.

꿈마루 주변 환경

꿈마루 수공간

우리를 비추는 꿈마루의 수공간

꿈마루는 콘크리트로 만들어진 거대한 크기의 건축물이다. 옆쪽 주 출입구에는 한쪽 끝이 기둥과의 거리를 두고 외부로 빠져나와 공중에 떠 있는 외팔보(캔틸레버: Cantilever)가 위치한다. 독특한 건축 요소와 공간으로 인해 입구부터 주변을 압도한다. 기존 건축에서 많이 사용되었던 대표적인 재료인 콘크리트는 대규모의 공간 확장도 가능하지만 세밀한 장식까지도 가능하다. 매끈한 피부와도 같은 외피부터 줄눈을 이용하여 거칠게 마감해서 재료 본연의 질감도 드러낼 수 있다.

최근의 리모델링은 기존의 콘크리트에 시간의 흐름을 적나라하게 보여주는 건축 재료인 코르텐강을 덧입혀 콘크리트의 시간성을 더욱 가속화하게 만들었다.

그 결과 공간의 분위기는 퇴락과 비워짐을 철저하게 느껴지도록 조성되었다.

입구 쪽 캔틸레버 밑으로 들어가면 나오는 중앙계단과 램프를 이용해 중심공간인 중정을 따라 시간 속을 살금살금 밟고 가는 듯 조심스럽게 올라가면 파노라마처럼 펼쳐지는 외부 풍경의 조망이 지나온 공간 분위기의 서먹함과 어색함을 잊게 한다. 2층에서 탁 트인 전망의 도시풍경을 보고 나서 반대쪽을 향하면 좁고 어두운 곳을 가로지르듯 관통해서 외부로 나갈 수 있다.

1

2

3

어둡고 좁은 통로에서 갑자기 넓어진 외부 공간은 빛을 온몸으로 받을 수 있는 곳이다. 이곳은 주 출입구와 동떨어져 있고 주변이 자연으로 둘러싸인 숨겨진 위요 공간(Enclosure Space)이다. 양쪽에 휴식할 수 있는 공간이 펼쳐지고 그사이에 작은 수공간이 있다. 작은 연못이라 부르는 것이 더 나을 것 같기도 하다. 미학적 필요성 때문에 만든 건축 현상학적 요소인 엄정한 수공간이라기보다 수초가 떠 있고 지나다니는 사람이 편하게 다가갈 수 있는 그런 친근한 연못이다. 주변의 휴식을 위한 나무 데크와 그 사이로 비추는 햇빛이 제법 잘 어울린다. 게다가 외부에서는 전혀 알 수 없는 의외의 곳에 자리를 잡고 있어 깜짝 이벤트처럼 느껴진다.

한동안 빛이 비치는 외부에 있기도 하고 수공간 근처를 이리저리 배회하다가 다시 건물 내부로 들어오기를 여러번 반복하면 나만의 아지트 같은 분위기를 느낄 수도 있다. 수공간을 지나 옥상으로 올라가면 루프톱 카페도 있어 밤을 즐길 수도 있고 외부로 연결된 길을 따라 내려가 1층 야외 카페에서의 차 한 잔도 좋다.

1. 꿈나무 입구 2. 꿈나무 입구 캔틸레버
3. 코르텐강을 이용하여 리모델링 한 꿈마루 2층 공간 4. 꿈마루 옥상 카페
5. 꿈마루 2층 캔틸레버 공간

4

5

외부에서는 알 수 없는 꿈마루의 숨겨진 공간인 2층 측면 외부의 수공간은 그저 그런 일상의 공간일 수 있다. 이곳의 작은 수공간은 공들여 조각하고 다양한 물길을 만들고 심지어 영롱한 조명까지 입혀서 음악에 맞추어 유려하게 춤추며 사람을 끌어모으는 상업적인 분수와 다르고 종교 공간이나 미술관 주변에 낮고 넓게 펼쳐있는 수공간을 통해 존재감과 자연을 느끼게 하는 건축적으로 유명한 수공간들과 비교할 정도가 아니라는 뜻이다. 크기나 형태로는 비교가 안 되지만, 꿈마루 수공간이 만들어 내는 공간의 분위기와 의미는 나름 견줄만하다. 꿈마루의 공간과 분위기는 건축의 시대적 흔적과 기억, 다양한 통로와 동선을 따라 나타나는 전망과 풍경, 복도의 관통된 공간을 지나서 나타나는 빛과 그림자의 공간과 함께 수공간의 화룡점정에 의해 완성된다. 비록 눈에 띄지 않고 화려하지 않지만, 이곳의 수공간은 제 역할을 톡톡히 하는 셈이다.

나무의자에 앉아 수공간을 바라보고 있자니 문득 클로드 모네(Oscar-Claude Monet)의 수련(Water Lillies)과 그 배경인 지베르니(Giverny) 정원이 떠오른다. 파리의 오르세 미술관과 마주하고 있는 콩코르드 광장 부근 튈르리 정원 내 오랑주리 미술관(Musée de l'Orangerie)6)에 있는 모네의 수련은 아마도 수공간과 가장 가깝고 잘 어울리는 회화라는 생각이 든다.
전시실 360도 전체를 휘둘러 전시된 작품은 전시 그 자체만으로도 놀랍다. 크지 않은 전시공간을 한 바퀴 돌면서 수련 전체를 보다 보면 어느새 나 자신이 수련과 함께 물속에 있는 것 같은 착각에 빠진다. 모네는 빛의 화가로 불리지만 수련 작품을 보면 물의 화가라 해도 손색이 없다. 많은 사람은 그림에서 물 위의 수련을 보겠지만 수련 아래쪽의 수련을 키워낸 수공간을 살펴본다면 그 잠재력에 놀라움을 금치 못할 것이다.

---

6) 오랑주리 미술관(Musée de l'Orangerie)
https://en.wikipedia.org/wiki/Mus%C3%A9e_de_l%27Orangerie

꿈마루 2층 공간에서 바라본 도시 풍경

"나무의자에 앉아 수공간을 바라보고 있자니
문득 클로드 모네의 수련과
그 배경인 지베르니 정원이 떠오른다."

한국에서는 제주의 방주교회가 수공간의 건축으로 대표 사례가 될 것이다. 바다를 바라보는 단순한 배의 형상 아래 사각형의 수공간이 자리하고 있다. 이곳은 성경의 이야기를 시각화한 결과이지만, 수공간 속에 제주의 바람이 만드는 잔잔한 물결이 마치 깊은 바닷속을 보는 듯하다.
방주교회는 배이자 집이자 안식처이다. 바다 한복판에 정처 없이 헤매는 우리네 삶에 하나의 좌표와도 같은 공간으로 다가온다.

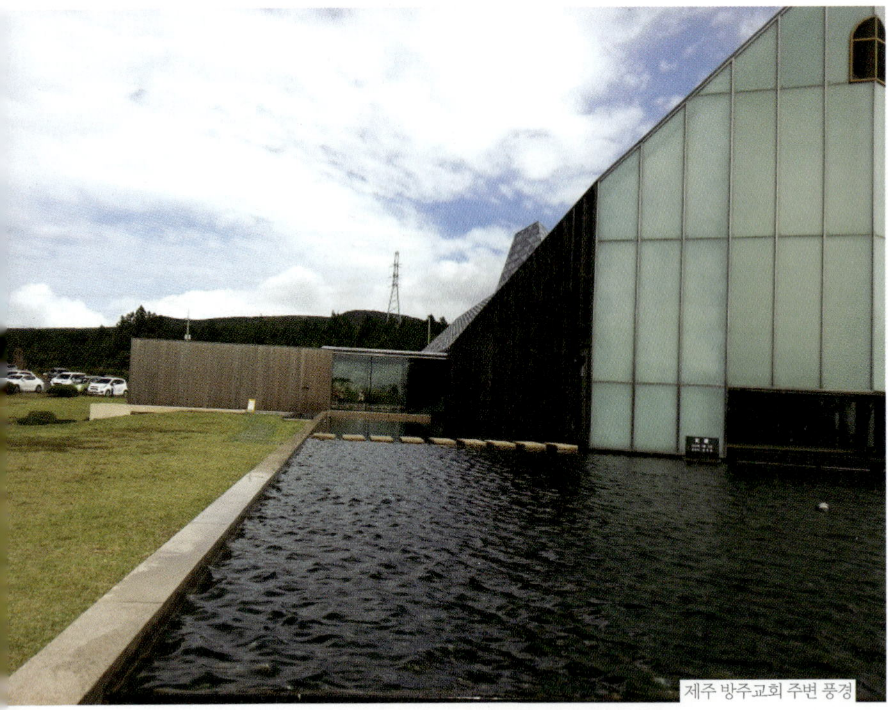

제주 방주교회 주변 풍경

제주 방주교회 수공간

어린이의 공간과도 같은 이름의 꿈마루에는 야수와 같은 건축 속에 미녀가 숨어있는 듯하다. 여러 겹의 부조화 속의 조화를 느끼면서 이곳을 거니는 동안 모네의 수련과 함께 자연스럽게 떠오르는 음악이 스윗 피플(Sweet People)의 원더풀 데이(A Wondreful Day)이다. 어려운 클래식도 아니고 정신없는 로큰롤이나 유행하는 가요도 아닌 그저 조용하고 분위기 있게 연주되는 곡은 꿈마루 주변의 새소리 바람 소리와도 잘 어울리면서 잠시나마 편한 휴식의 시간을 제공한다.

수공간 앞 의자에 앉아 눈을 감고 음악과 공간을 잠시 음미해 본다.

빛과 그림자 그리고 수공간

꿈마루 외부 공간

꿈마루 외부 계단 하부 공간

수공간이 만드는 현상학적 분위기

건축설계에서 수공간은 빛과 그림자를 이용하여 현상학적 분위기 조성하는 사례보다 많지는 않지만, 빛과는 다른 현상학적 작용으로 우리에게 새로운 분위기를 전달한다. 주변을 비추고 반사해서 이중적 이미지를 만들어 내기도 하고 물속을 통과하는 굴절을 이용하여 이미지의 왜곡을 유발하기도 한다. 건축에서는 건축물의 주변에 수공간을 놓아 건축물과의 관계를 조정하고 건축물의 시각적 효과를 만든다. 서양에서 수공간하면 제일 먼저 분수를 떠올린다. 분수의 도시 로마에는 시내 곳곳에 화려한 조각과 함께 다양한 분수들이 즐비하다. 분수는 보통 물이 위에서 아래로 흐르는 것을 반대로 이용한 인공물의 극치이다. 자연스러움을 역으로 이용하여 낯섦과 새로움을 부여하고 사람들은 그것에 환호한다. 그러나 진정한 수공간의 의미는 하부에 엄청난 파도와 물살을 가지고 있지만, 위쪽은 아무 일도 없는 듯 잔잔한 평화로움을 유지하는 것이며 이런 특성을 이용해 건축과 공간의 분위기를 만들어 내는 것이 건축설계의 고수가 아닐까 싶다.

꿈마루 수공간과 사색의 공간

어린이 대공원 안 꿈마루는 오래된 만큼이나 세월이 지나고 그로 인해 벗겨진 페인트칠과 지난밤 비바람의 흔적이 심하게 노출되었지만, 있는 그대로 보듬고 닦고 일상처럼 소중하게 돌보면 언제까지나 거뜬하게 버텨줄 듯하다. 이제 많은 이들은 어린이 대공원보다는 대기업이나 해외의 유명한 테마파크를 더 선호하기에 세월의 흔적만을 안고 있는 곳이지만 어린이 대공원은 한국에서 한동안 최고의 어린이 전용이며 어린이를 우대한 장소였다. 한국은 어린이날이 정해져 있지만, 미국은 365일이 어린이날과 같으니까 따로 어린이날이 없다는 말을 처음 들었을 때 충격이었다. 그러나 하루하루가 어린이날 같다고 해도 굳이 일 년에 하루 특정한 날을 정한다는 것은 같이 있어도 보고 싶다는 연인처럼 어린이날을 다시 한번 중요하게 기념하는 의미로 받아들이고 진정으로 그런 나라가 되길 바란다. 그때의 꿈마루는 지금보다 조금 더 퇴색하겠지만 우리와 가까운 일상 속에서 더욱 성숙한 공간과 건축으로 새로운 꿈을 꾸는 사람들의 아지트로 남아있을 것이고 우리는 그 존재만으로도 커다란 위안을 받을 것이다.

꿈마루 벽체가 보여주는 시간의 흔적

꿈마루 옥상의 연결 브릿지(Bridge) 공간

Cafe

소확행

PART. 3

잠재성으로 채우다

FILL WITH POTENTIAL

01 학고재

02 가회동 성당

03 서울도시건축전시관

04 다시 세운 프로젝트

05 다락옥수

전통과 현대가 마주 보는 작은 마당의 분위기

전통과 현대의 합

01

학고재

최 욱
원오원 아키텍츠(ONE O ONE Architects)

북촌의 터줏대감

서울에서 가장 전통적이며 한국적인 곳이라고 한다면 북촌을 제일 먼저 떠올릴 것이다. 아무리 전통건축이 많은 북촌과 삼청동이라지만 경복궁에서 삼청동으로 가는 큰길가에 있었던 전통건축은 거의 다 사라져서 보기 힘들다.

특히 경복궁 주변에는 새로운 현대건축의 미술관들과 근린 생활 건물이 즐비하게 도열 되어 있다. 그중 삼청로에 면해 있는 전통건축 미술관인 학고재에 관심이 간다. 학고재는 규모가 크지 않아 눈에도 잘 안 띄고 주변의 미술관과도 자연 스럽게 섞여 있어서 지나치기 일쑤다.

하지만 북촌의 그 많은 공간에서도 학고재는 중요한 장소이다. 언 듯 봐도 꽤 오래된 전통건축은 이곳을 오랫동안 지켜온 터줏대감과 같다. 직접 가서 자세히 보면 여러 가지 이야깃거리가 있다.

북촌 학고재 외부 입구

학고재는 옛 전통건축을 이용한 미술관이다.
삼청동 학고재의 본관 건물은 전통 한옥을 1995년에 리모델링했고, 학고재 개관 20주년을 맞아 2008년에 신축한 신관은 원오원 아키텍츠가 21세기 현대건축으로 본관과는 또 다른 공간을 보여준다. 한옥은 지붕이 생명이다. 그래서인지 학고재 본관의 기와지붕은 예전 그대로 유지하고 있다. 지붕은 바깥에서 본다면 전통건축이라는 정체성을 명확하게 보여주는 기표와도 같다. 그러므로 누구나 멀리서 보아도 기와지붕을 보면 당연히 전통건축이라고 알 수 있다. 그러나 전통건축의 지붕은 사실 내부공간이 더 좋은 공간이다. 내부에서 서까래와 목구조가 그대로 노출된 박공의 공간은 구조의 아름다움과 함께 전통건축의 합리적인 공간구성을 알 수 있다. 학고재 본관은 그 사실을 잘 알고 또 잘 보여주고 있다. 게다가 전시공간으로 필요한 화이트 박스(White Box)의 흰 벽과 목구조의 지붕 공간의 대비가 멋스러우면서도 어떤 전시라도 문제없을 공간을 제시한다.

전통건축에서 지붕만큼 중요한 것이 지붕 아래 비어있는 것처럼 투명하고 가벼운 공간이다. 지붕을 이고 있는 빈 공간. 우리에게는 이 공간이 필요한 것이다. 그릇의 오목한 빈 공간을 사용하듯이 말이다. 그런데 학고재는 미술관으로서 백색 상자의 전시공간이 필요했다. 그 결과 지붕 아래 공간을 적벽돌로 막고 내부를 백색 공간의 전시실로 만들었다. 외부에서 볼 때 전통건축의 가벼움은 사라지고 대신 지붕과 적벽돌이 하나가 되었다. 매우 아쉽지만, 기성관념의 전시공간을 만들려는 결과이니 감수해야 할 사항이다.
뒤쪽에 신축한 규모가 큰 지하전시공간이 있으니 앞쪽은 투명하고 가벼운 전시공간을 계획했다면 더 좋았을 것이다. 내부공간은 백색 전시 벽체와 상부 목가구가 노출된 구조체의 대비로 멋스럽다.

크지 않은 전시공간을 여유 있게 한 바퀴 돌아보고 나와 옆 골목으로 돌아 뒤로 가면 미니멀리즘의 현대건축으로 단장한 학고재 별관이 있다. 기존의 한옥과 새로운 적벽돌의 현대건축이 작은 마당을 두고 서로 마주하고 있다. 마당이라고 하기에는 너무 작고, 다른 골목들과 연결되어 있어 통로라고 느껴진다. 신축된 건축물은 직육면체의 단순한 매스이지만, 골목 쪽 한쪽 코너에 곡선의 원통 형태가 음각으로 파여 있어 눈에 띈다. 외부 공간이 좁고 작아 마당이라기보다 통로로 인식되고 사람들이 다니면서 신축건물의 코너와 부딪힐 수 있으니 한 부분을 파내서 마당처럼 인식하게 하고 기능적으로도 통행에 불편하지 않게 하려는 의도로 읽힌다. 파여진 공간에는 조경의 역할을 하는듯한 꽤 커다란 원석의 오브제가 하나 놓여있다. 놀라운 공간이다. 많은 건축적 생각들과 다양한 사회적 활동을 품는 잠재력으로 꽉 차 있는 작은 마당이다. 이곳은 건축에 둘러싸인 정형화되고 완성된 마당도 아니고 화려한 나무와 조경으로 가득 채운 공간이 아니다. 그렇지만 비울 곳 다 비우고 건물을 음각으로 디자인해서 만들어 낸 마당은 쉽게 찾아낸 것이 아니라 더 귀하게 느껴진다.

우리 주변에 건물이 작다고 이것저것 다 빼고 기능을 우선으로 하는 공간이 얼마나 많던가. 그런데 학고재를 가보면 그런 부류의 건축설계는 다 핑계라는 것을 알 수 있다. 공간이 작더라도 원하는 디자인과 공간의 성격을 다 부여할 수 있다는 그리고 해야 한다는 것을 몸소 느낄 수 있다.
학고재 본관에 가려서 눈에 띄지 않고 숨겨져 있는 학고재 별관은 무심하게 자기 자리를 지키고 있지만 작은 공간, 작은 건축 요소와 디테일(Detail) 하나하나의 완성도가 매우 높다. 디테일을 중요하게 생각하는 건축가의 특성이 잘 나타난다.

학고재 내부 전시공간

마당과 요철 공간

세심한 공간구성과 건축의 디테일은 또 다른 시각에서 놀라운 풍경을 만들어 낸다. 학고재 뒷마당 기와지붕 아래에 서서 신축 별관을 바라보면 본관 지붕 수키와와 별관 오목한 중정의 합이 요철처럼 맞아떨어진다. 별관 외부 1층 상부의 연속된 얇은 처마도 놀랍다. 디테일에 강하다는 원오원 아키텍츠의 섬세한 터치가 느껴진다. 미스 반 데어 로에(Mies van der Rohe)나 카를로 스카르파(Carlo Scarpa) 등이 추구하는 미니멀리즘은 오히려 섬세한 디테일 속에서 모든 건축이 살아 숨 쉰다고 하는데 이곳에서 유사한 건축적 경험이 가능하다. 벽돌 한 장, 손잡이 하나도 생생히 살아서 자기의 목소리를 가지고 건축에 화답하면서 조화롭게 자리를 차지한다.

학고재 작은 마당

학고재는 지상에 노출된 공간만 보면 전시공간이 턱없이 부족하다. 아무리 좋은 공간이라도 원래의 목적인 전시공간을 제공해야 한다. 이러한 고민은 지하 공간으로 해결했다. 신축된 전시공간에 들어가면 생각보다 규모가 큰 백색의 지하 공간들이 층층이 펼쳐진다. 강북에서도 북촌이라는 조선 시대의 스케일로 형성된 전통건축에 현재의 스케일이 필요하니 지상은 예전 스케일의 전통과 현대의 복합건물로 장소성과 역사성을 유지하고 전시공간은 현재의 스케일로 지하에 기능적인 공간을 계획해서 해결했다. 전시공간의 특징은 무엇일까? 전시에 필요한 화이트 박스를 제공하는 것 말고 크게 눈에 띄지 않는다. 학고재 본관에서 지붕 공간은 전시공간과 함께 시각적 즐거움을 주면서 새로운 전시공간을 제공한다. 미술 작품을 감상하다가 가끔 지붕을 바라보면서 사색에 잠길 수 있는 짧은 순간은 그 어떤 깨달음의 순간과도 바꿀 수 없는 영겁의 시간이 될 수 있다.

학고재 전통건축과 현대건축의 조화

현재 우리에게 한옥과 마당은 어떤 것일까?
이 주제는 한국성, 전통, 가치의 문제로까지 확대된다.
너무 무거운 그리고 오래되고 진부한 주제인가?
한국에서 한국인으로 살지만, 서양건축과 생활양식에 익숙하고 오히려 한옥과 한복이 낯선 상황이다. 한국성과 전통의 계승은 시각적인 건축 요소가 답은 아니다.
시간에 따른 전통의 가치가 현재를 기준으로 한다고 기존의 것을 다 버릴 수도 없다. 그럼 우리의 선택은 무엇인가?

"한국에서 어떤 건축이든
특히 학고재와 같은 전통건축과 만남은
매번 이런 고민을 동반한다.
작은 건축을 보러 갔다가
커다란 선문답과 화두를 등에 지고 돌아왔다."

건축설계자료

학고재 건축설계자료는
원오원 아키텍츠 홈페이지에서
자세히 알 수 있다.

http://101-architects.com/project/-M91E9cOgNqMbo_kWoNk

마당을 두고
서로 마주 보는
종교 공간

시간과 공간의 마주 보기

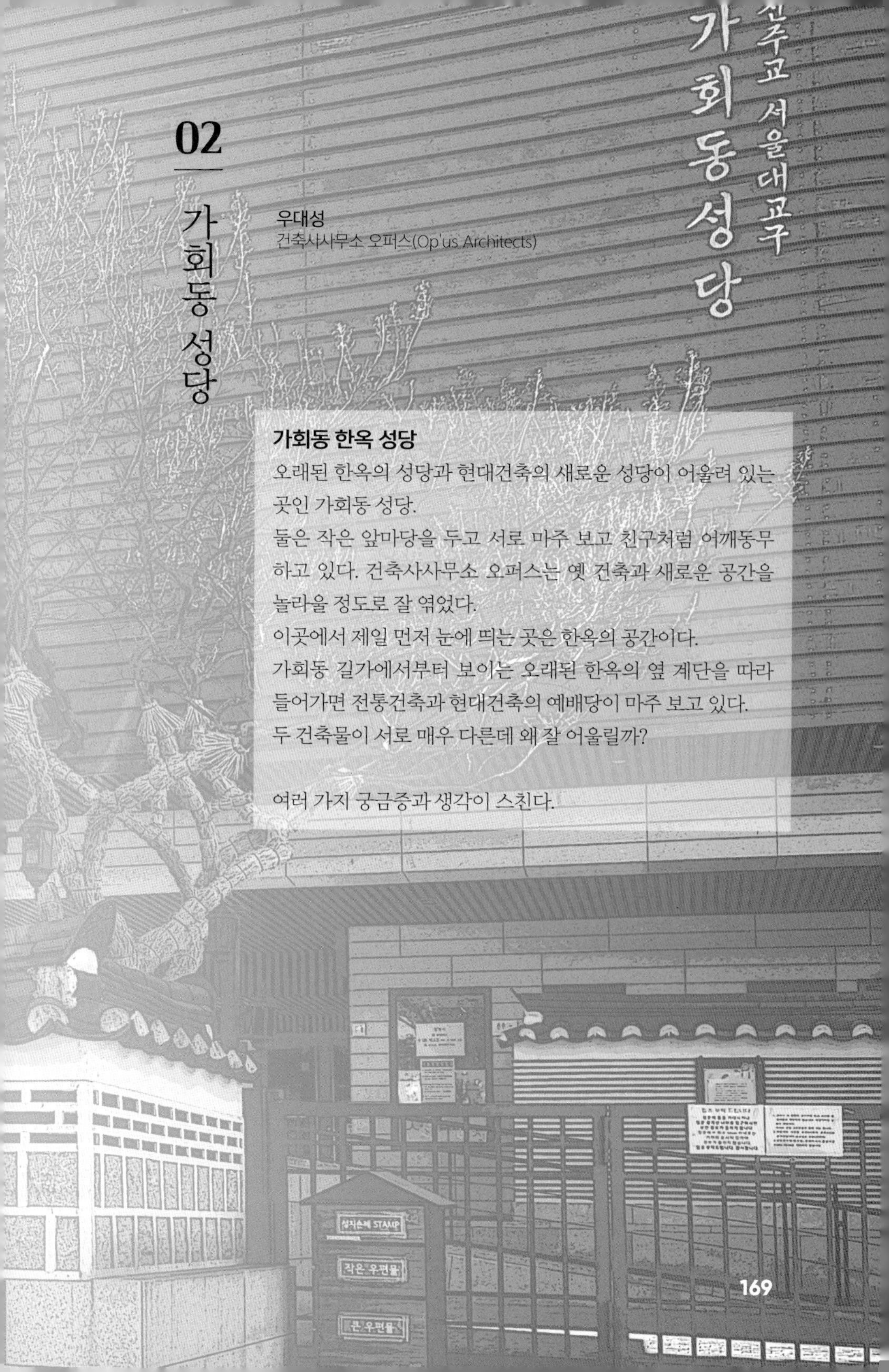

02

가회동 성당

우대성
건축사사무소 오퍼스(Op'us Architects)

가회동 한옥 성당

오래된 한옥의 성당과 현대건축의 새로운 성당이 어울려 있는 곳인 가회동 성당.
둘은 작은 앞마당을 두고 서로 마주 보고 친구처럼 어깨동무하고 있다. 건축사사무소 오퍼스는 옛 건축과 새로운 공간을 놀라울 정도로 잘 엮었다.
이곳에서 제일 먼저 눈에 띄는 곳은 한옥의 공간이다.
가회동 길가에서부터 보이는 오래된 한옥의 옆 계단을 따라 들어가면 전통건축과 현대건축의 예배당이 마주 보고 있다.
두 건축물이 서로 매우 다른데 왜 잘 어울릴까?

여러 가지 궁금증과 생각이 스친다.

한옥 마루와 예배

성당 입구로 들어가면 우선 외부에 노출되어 있으면서 입구에 가까이 있는 옛 한옥 성당에 눈길이 간다.

한옥성당이라도 성당건축의 유형으로 만들어진 것은 아니다. 그러나 전통주택과는 다르게 개방된 공간이 넓고 외부와의 연결이 적극적이다.

한옥 중간의 마루를 통해 본 가회동 거리의 차경은 한옥의 예배공간이 가지는 역사적 상징성과 동네 분위기를 지금까지 잘 유지하고 있다고 말하는 듯하다. 한옥의 숨겨진 뒷마루가 상당히 넓다. 지금은 고양이가 햇빛을 맞으면서 낮잠을 자는 곳으로 변했지만, 예전에는 작은 예배공간에 다 못 들어간 신자들이 외부 마루에서 같이 예배드리던 곳임을 짐작하게 한다. 마루에 앉아 두세 명이 성경을 같이 보면서 찬송가를 부르는 신자들이 눈에 선하다. 우리나라에서만 볼 수 있었던 예배 풍경이었을 것이다.

서로 다른 시간의 서로 다른 사용자이지만 행복해하는 모습이 눈앞에 겹쳐진다.

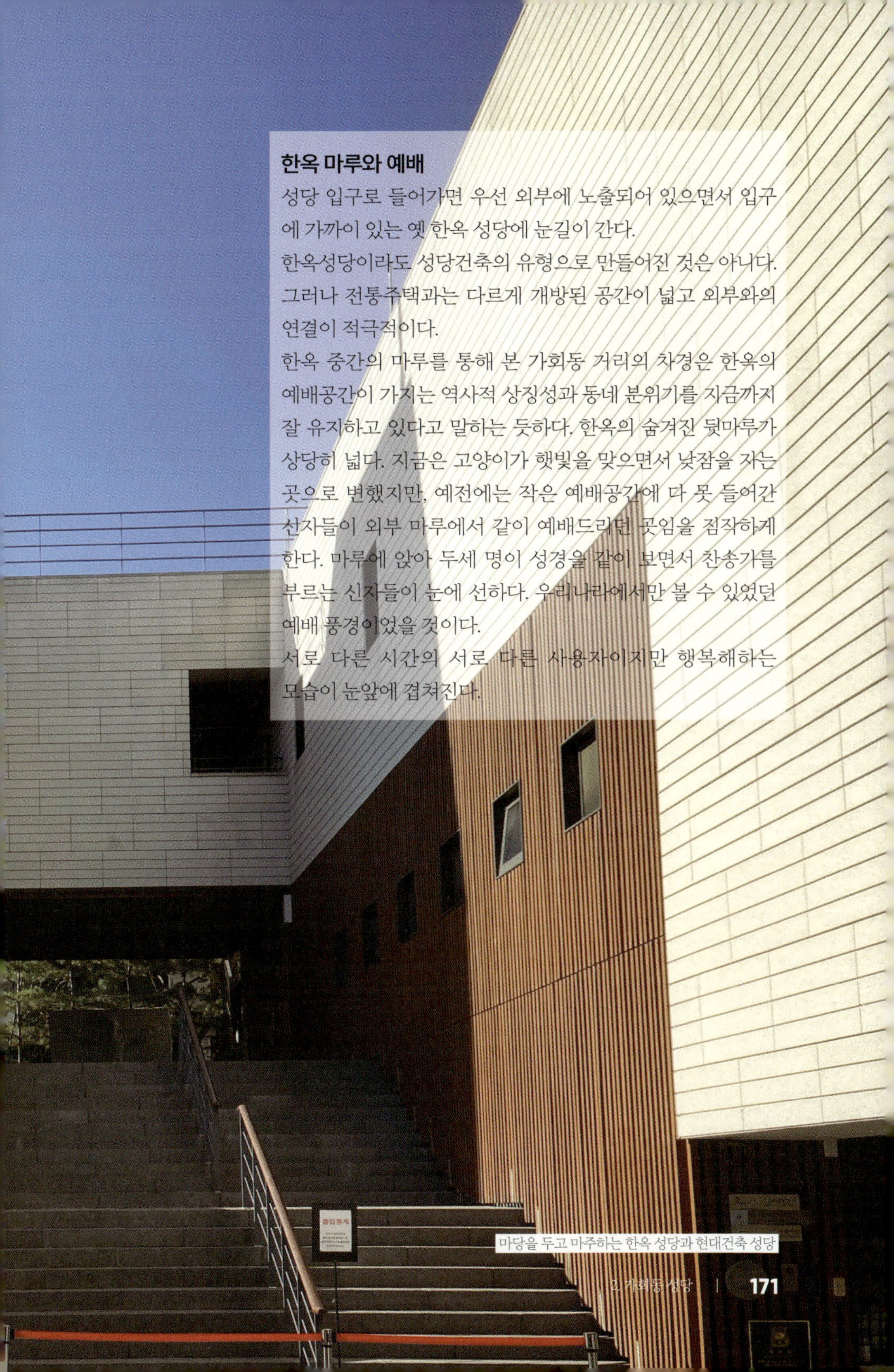

마당을 두고 마주하는 한옥 성당과 현대건축 성당

"새로운 현대식 성당은 이곳이 예전의 한옥 성당과 함께
현재 상황을 적극적으로 받아들여
아직도 역동적으로 살아 있는 성당임을 보여준다."

수평, 수평, 수평성

전통건축의 프로그램은 역사의 기억과 흔적을 담당하고, 현대건축의 성당 프로그램은 종탑, 예배당, 편의시설로 구성된 듯하다. 종탑에서부터 예배당을 거쳐 안내하는 공간, 그리고 마당을 거쳐 지하의 공동 편의시설까지 새로운 현대식 성당은 이곳이 예전의 한옥 성당과 함께 현재 상황을 적극적으로 받아들여 아직도 역동적으로 살아 있는 성당임을 보여준다.

지하로 파낸 선큰(Sunken) 공간에서부터 지상의 예배공간까지 수직적으로 쌓아올려 구성한 공간은 외부 계단과 나선 계단으로 자연스럽게 연결되며 계단의 수평성, 한옥의 수평성, 그리고 새로운 성당 입면의 수평 석재 패턴과도 잘 어울린다. 수직성은 매스를 높게 세운다고 나타나는 것이 아니라 수평판을 하나씩 차곡차곡 쌓아올리는 과정의 마지막에 나타나는 것이다.

그러므로 결국 수직성은 수평성의 결과임을 이곳에서 다시 한 번 절실히 깨닫는다.

한옥 성당 뒷마루

한옥 성당 건너에는 대지의 협소함 때문인 듯 공간에 비해서 꽉 채워진 새로운 현대건축의 예배당이 서 있다.
이곳은 1층 공간 일부를 뒤로 밀어 입구를 만들었는데 옆으로는 앞마당과 연결하고 입구에서는 한옥 성당 처마와 자연스럽게 연결하여 그 너머 도로까지 시각적으로 확장해 답답한 느낌을 완화한다.
현대식 예배당 입구의 천장은 다른 곳에 비하면 머리를 움찔할 정도로 살짝 낮은듯한데 왜 그럴까 의구심을 가지고 가만히 보니 옛 한옥의 처마높이에 맞춰서 연결된다. 커다란 매스의 하부를 세트백(Setback) 공간으로 파낸 새로운 성당의 1층 천장 높이는 언뜻 눈에 띄지는 않지만, 역사의 연속성을 공간의 연속성으로 치환한 고도의 설계 의도로 읽힌다.

한옥 성당과 현대건축 성당의 조화

현대건축 성당 입구에서 본 한옥 성당의 처마

하필 방문한 토요일은 오전부터 연속으로 결혼식이 있어 성당에 들어가기 어렵다는 안내에 발걸음을 되돌리는데 평일은 조용하고 운치 있는 성당 공간을 여유 있게 살펴볼 수 있다고 살며시 알려준다.

우리 시대의 성당은 성스러운 종교 공간이면서 세속의 결혼 공간으로 선호하는 곳이기도 하다. 크고 작은 많은 성당은 결혼에 대한 현재 세태를 나름대로 적절하게 반영한다.

그중에서도 이 성당은 꽤 인기 있는 성당으로 자리 잡은 듯하다. 평일 다시 가본 가회동 성당. 수많은 사람에 의해서 닳고 닳은 한옥 성당의 마룻바닥처럼 과거의 하루하루가 쌓여서 오늘이 만들어졌다는 사실과 미래의 순간순간이 다가와 현재가 된다는 양가적 관점이 만나는 현재의 나는 가회동 성당의 전통건축과 현대건축 사이에 있는 마당 한복판에서 양쪽을 바라보며 서성대고 있다.

가회동 성당의 하늘

건축설계자료

가회동 성당 건축설계자료는
건축사사무소 오퍼스 홈페이지에서 자세히 알 수 있다.
http://opus.co.kr/

가회동 성당의 외부 전경

" 미래의 순간순간이 다가와 현재가 된다는
양가적 관점이 만나는 현재의 나는
가회동 성당의 전통건축과 현대건축 사이에 있는
마당 한복판에서 양쪽을 바라보며 서성대고 있다. "

수직 보이드

비워서 채움

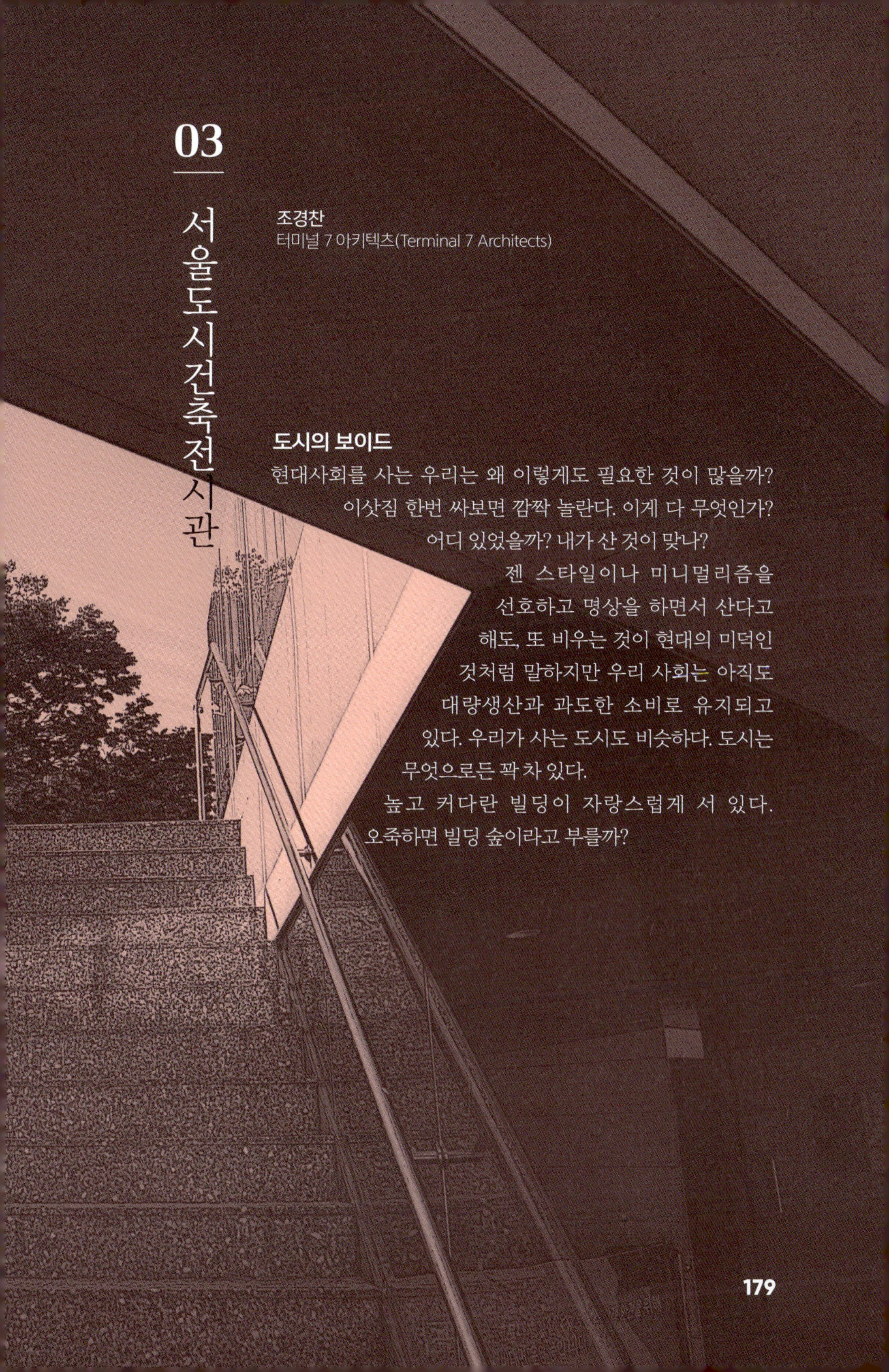

03 서울도시건축전시관

조경찬
터미널 7 아키텍츠(Terminal 7 Architects)

도시의 보이드

현대사회를 사는 우리는 왜 이렇게도 필요한 것이 많을까? 이삿짐 한번 싸보면 깜짝 놀란다. 이게 다 무엇인가? 어디 있었을까? 내가 산 것이 맞나? 젠 스타일이나 미니멀리즘을 선호하고 명상을 하면서 산다고 해도, 또 비우는 것이 현대의 미덕인 것처럼 말하지만 우리 사회는 아직도 대량생산과 과도한 소비로 유지되고 있다. 우리가 사는 도시도 비슷하다. 도시는 무엇으로든 꽉 차 있다.

높고 커다란 빌딩이 자랑스럽게 서 있다. 오죽하면 빌딩 숲이라고 부를까?

도시를 하늘에서 바라보면 건물로 차 있는 곳과 비어있는 곳을 구분하기 쉽다. 이를 바탕으로 흑백의 차이를 이용해 다이어그램으로 그린 것을 피겨 앤 그라운드(Figure & Ground: 도형과 배경)라고 한다. 이것을 보면 형태가 있는 큰 건물이나 작은 건물로 구성되어 있는지 건물들이 밀집되어 있는지 그리드처럼 정리되어 계획되어 있는지 등 도시의 상황을 다양하게 파악할 수 있다.

그리고 더 중요한 것은 건물들 사이의 빈 공간 즉 보이드를 눈으로 확인할 수 있다는 것이다. 도시의 프로그램으로 보면 공원, 광장, 도로, 보행 거리 등이다.

서울도시건축전시관 북동쪽 전경

서울도시건축전시관 저녁의 보이드

비우면 비로소 보이는 것들

도시의 숨구멍이라 불리는 보이드는 건축이 남긴 빈 공간이라고 할 수 있다. 그러나 도시가 개발로 확장하고 건물로 밀집하게 되면서 빈 공간은 거의 남겨 두지 않는다.

평당 억대의 경제적 가치로 볼 때 손바닥만 한 자투리땅도 아쉽기 때문이다. 그렇기에 비워야 한다면 비움은 그냥 비우는 것이 아니라 채움 이상의 역할이 요청된다. 도시에서 보이드는 보통 대지에서 수직으로 비워지기 때문에 나타나는 독창적이며 특유의 역할이 있다.

도시 내에서 도시의 풍경을 보려면 높은 곳으로 올라가야 한다. 서울도시건축전시관 건너편 시청 전망대에 가면 커피와 함께 서울의 구도심을 바라볼 수 있다. 그보다 더 높고 넓게 보고 싶으면 남산타워에 가면 된다.

그러나 그곳에서 보는 도시풍경은 높은 곳에서 내려다보는 조감도(Bird's Eye View)이다. 그에 비해 서울도시건축전시관의 지상부분은 1층에 머문다. 1층 위 지붕에 서면 주변의 일부를 볼 수 있다.

그리고 전시관 길 건너 횡단보도에서는 정동의 아름다운 도시풍경이 한눈에 들어온다. 도시 내에서 낮은 눈높이에서 보는 충첨도(蟲瞻圖)나 앙시도(仰視圖)(Worm's Eye View)가 도시를 더 잘 볼 수 있기 마련이다.

서울도시건축전시관 낮의 보이드

서울 도심 어느 곳에서도 이런 도시풍경을 볼 수 있는 곳이 없다. 덕수궁 돌담을 걸으면서 옆쪽으로 막혀있던 공간이 트여서 멀리 광화문까지 눈에 들어온다.

서울도시건축전시관 남동쪽 전경

> "이곳은 아마도
> 서울에서 낮은 위치에서 서울의 풍경을 볼 수 있는
> 유일한 곳이 아닐까 싶다."

1. 서울도시건축전시관 상부에서 본 서울 광장 풍경 2. 서울도시건축전시관 상부에서 본 정동 풍경
3. 서울도시건축전시관 충첨도 4. 서울도시건축전시관 입구

3

4

서울마루

서울도시건축전시관은 공모전을 통해 터미널 7 아키텍츠 건축사사무소의 '서울 연대기(Seoul Chronicle)'로 당선되었다.
당시 별명처럼 '서울마루'로 불렸고 개관전은 '슈퍼 그라운드(Super Ground)'였다. 이러한 일련의 과정은 이곳이 단순한 도시의 비워진 배경의 역할이 아니라 도시 내 보이드라는 역할의 중요성이 강조된 의미로 읽힌다.
그러나 비워진 그대로 두지 못하고 자꾸 채우려는 시도가 있을 테니 언제까지 지금 상태 그대로 버텨줄지는 알 수 없다. 개인의 욕심과 주변의 유혹으로 마음을 비우고 살기에 엄청난 노력이 필요하듯이 이곳을 비운 상태로 유지하기 위한 우리의 노력도 지속되어야 할 것이다.
그러한 노력의 결과로 서울도시건축전시관이 공공 건축의 전형으로 탄생하기를 바란다.

서울도시건축전시관 내부 전시 공간

서울도시건축전시관과 서울 시청

건축설계자료

서울도시건축전시관 건축설계자료는
터미널 7 아키텍츠 홈페이지에서 자세히 알 수 있다.
https://t7architects.com/PROJECT/view/1795103

공중의 땅 만들기 _ 인공대지

세운을 다시 세운 다시 세운 프로젝트

04 다시 세운 프로젝트

김택빈, 장용순, 이상구
이_스케이프 건축사사무소 (Environmental_SCAPE Architects)

대지 건축과 인공대지

얼마 전까지만 해도 건축이 들어설 자리인 대지를 인공적으로 새로 만드는 것은 불가능에 가깝다고 생각했다.

인공대지라는 개념은 아예 생각도 못 했다. 땅은 자연이 준 선물로만 생각했다. 그리고 건축이 들어설 자리인 땅은 한정된 부동산이니 그 희귀한 가치 때문에 경제적 담보나 투자 수익이 됐다. 그런데 현대건축에서 대단히 야심 찬 계획을 세웠다. 새로운 인공대지를 만들겠다는 것이다.

이건 소설이나 영화 속의 이야기가 아니다.

실제 현대의 건축가들은 인공대지를 설계하고 그 위에 건축을 만드는 계획뿐만 아니라 실제로 구현한다.

건축 구조와 컴퓨터 시뮬레이션과 건설 시공 덕분에 현실이 되었다. 그럼 인공대지는 대체 어떤 의미일까?

모든 건축은 대지 위에서 형상화된다. 그리고 대지 속에서부터 바깥으로 출현(Emergence)한다. 이것은 건축이 대지와 별개라는 의미다. 대지는 자연을 대표하는 4요소 중 하나이고 건축은 인공물이니 서로 다른 존재이다. 그러니 대지와 건축물의 경계는 분명하다. 기존에는 건축설계를 할 때도 대지와의 관계나 주변과의 연계를 고민하기보다 건축물 내부의 공간에 집중해왔다. 그런데 현대건축은 이 명확한 관계와 경계를 깨고자 한다. 대지와 건축이 경계 없이 자연스럽게 연결되어 하나로 연속된 것처럼 만든다. 대지 위에 떠 있던 건축물의 지붕의 한쪽이 기울어지고 땅까지 내려와 연결된다. 이제 지붕은 지붕이라고 불리기에 모호한 상황이 되었다. 항상 바라보기만 했던 지붕을 사람들이 걸어서 이용할 수 있다. 지붕의 내부는 기존과 변함없는 공간구성이며 여러 프로그램으로 이용한다. 신기하다. 어느새 지붕이 땅이 되었다. 여기서 한발 더 나아가 보자. 걸어 다닐 수 있는 땅이 된 지붕 아래 공간을 비우고 지붕을 더 연장해 보자. 아예 인공대지만

다시 세운 프로젝트 보행데크

세운상가와 다시 세운 프로젝트

나타난다. 이제 새로운 인공대지 위에 원하는 건축을 하면 된다. 이렇게 새로운 현대 건축이 시작된다. 우리 가까이에도 있는 마법의 땅, 천공의 성 라퓨타를 찾아가 보자.

서울시 종로구 종로 3가에 위치한 최초의 주상복합인 세운상가는 한국에서 몇 남지 않은 근대건축이다. 설립 당시에는 거대한 규모와 콘크리트 박스로 인해 주변과의 위화감이 컸었을 것이다. 시간이 흘러 많이 노후화되고 재개발의 운명을 거스를 수 없게 된 상황인데 이 시대의 분위기는 철거와 신축을 쉽게 허락하지 않았다. 완전히 새로운 생명을 부여하기보다는 기존의 건축을 유지하면서 새로운 건축의 지층을 입히기로 결정했다. 리모델링의 결과 다시 세운 프로젝트는 새롭게 다시 세워졌다. 종묘 앞의 공공공간과 공원은 종묘와 잘 어우러져서 복잡한 시내에 숨을 틔우는 역할을 한다. 그러나 다시 세운 프로젝트의 핵심은 세운상가에서부터 청계천, 을지로, 퇴계로를 가로질러가는 공중 보행 거리이다. 세운상가에서 시작해서 청계상가, 대림상가, 삼풍상가, PJ호텔, 신성상가아파트, 진양플라자까지 연결되는 거의 1Km에 육박한다. 계단, 육교, 옥상 등도 인공으로 만든 대지 성격을 띤다. 그러나 이곳의 보행로는 여러 개의 건물을 가로지르고 도시 거리 축을 관통해서 하나의 인공 도시의 대표적인 풍경이 되고 있다.

2015년 국제현상 공모에서 선정된 이_스케이프 건축사 사무소의 프로젝트 현대적 토속(Modern Vernacular)은 이전의 골목길과 집들과 삶의 방식을 토속으로 정의하고 1968년의 근대건축인 세운상가 데크와 내, 외부 공간을 연결하여 과거 와 현대를 연결하는 새로운 현대적 토속으로 해석했다.
여러 곳에서 진입할 수 있고 어디에서부터 걸어도 좋지만 개인적으로는 바닥이 아스콘, 콘크리트, 보도블록이 아닌 종묘 광장 공원의 맨땅에서 시작하는 것을 추천한다. 오래간만에 자연 그대로의 땅을 느끼며 걷다가 세운 초록띠공원부터 완만한 경사로 이루어진 광장을 거쳐 2층으로 오르고 이후 남북으로 연결된 보행 데크를 따라 주변의 플랫폼 셀(Platform Cell) 등 수많은 네트워크로 연결되는 공간의 3차원적 경험은 남다르다. 다만 2017년 종로에서 을지로까지 1단계 구간은 개장하였고 2022년 현재 2단계 부분인 남쪽의 공중 보행 데크는 아직 공사 중이라 하부 공간인 지상으로 연결된다.

종묘 광장 공원의 땅

길의 연속성과 경계의 모호함

건축물에서 수직적으로 차이가 나는 곳을 연결한다는 것은 수직적 연속성을 확보하는 것이다. 보통 자동차나 보행을 위한 도로나 길은 연속적일 수밖에 없다. 약간의 턱이라도 있으면 자동차는 이동하기 힘들고 그 길은 길의 역할을 하기 어렵다. 연속성이 확보된 공간은 명확한 시작점과 목표 지점이 연결되면서 경계가 흐려지면서 모호해진다. 그리고 시작점에서 디딘 걸음은 어느 순간 나도 모르게 목표 지점에 다다르게 된다. 이것이 공간의 연속성이다. 나 자신이 자연스럽게 공간을 헤치고 앞으로 나아가는 것이다. 끊어진 길 위에 서 있을 때의 당황스러움은 앞으로의 방향성 상실과 함께 미래까지도 부정할 수밖에 없는 상황이 된다.

인공대지와 보행 데크

세운상가 보행 데크 하부 프로그램

도심 속 자동차 중심의 도로체계에서 보행을 위한 길의 연속성을 만들기란 쉽지 않다. 특히 자동차 도로체계 중심의 서울 도심에서 보행의 경우는 가다 서기를 반복할 수밖에 없는 거의 단절의 연속이다. 건널목과 신호등은 단절의 기호다.
적어도 수십 미터마다 나타나는 교차로에서 우리는 무조건 우선멈춤을 해야 한다. 지금까지 이러한 단절을 해결하기

1. 보행 데크에서 바라본 청계천과 도시풍경 2. 2단계 공사 중인 보행 데크 3. 세운상가 보행 데크

위해 입체 교차로나 육교 등 수직적 차이를 이용해 왔다. 다시 세운 프로젝트의 인공대지는 여러 건물의 주변에 공중 보행로를 건물의 외부와 연결해서 도시 속 산책로를 구성하였다. 보행의 연속성을 확보한 것만으로도 대단한데 게다가 마치 공중에 떠 있는 것처럼 건축물의 좌우에 각각 하나씩의 보행로와 보행 데크를 만들고 덧붙였다. 하늘 위를 걷는 느낌이다. 산 정상에서의 기분 좋음을 도시 한복판에서 얻을 수 있다.

다시 세운 프로젝트의 1단계 구역인 종로에서 을지로까지의 보행로는 이번 리모델링 때 덧붙인 것은 아니다. 처음 건축할 때 저층의 넓은 기단부를 이용하여 건물 주변을 이동할 수 있게 하는 동선을 만들었는데 다시 세운 프로젝트로 보강하면서 일부는 새롭게 추가되고 있다. 기존의 세운 주상복합이 세워졌을 때 거대한 규모의 건물이 여러 개 세워지면서 서로의 공간을 연결해야 효율적으로 그리고 건물들끼리의 내부적 전용 통로 필요성에 의해 생긴 것이다. 처음에는 필요 때문에 만들어졌지만, 이제는 이런 획기적인 건축적 장치를 새로 만들어 내기는 어렵다.
예전보다 건축주, 소유주. 이용자, 지자체 등 많은 서로 다른 위치와 이익이 다른 집단이 엮여 있어 제대로 추진하기 어렵기 때문이다. 지금도 2단계 삼풍상가에서 진양상가까지의 공중 보행 거리 조성공사 곳곳에 공사에 불만인 플래카드가 걸려있다. 복잡한 속사정은 뒤로하고 따뜻하고 시원한 바람이 불 때 세운 상가에서 공중 보행로에 올라 청계천을 가로질러 힙한 을지로의 분위기를 뚫고 걸으면서 퇴계로까지 논스톱으로 직진해 볼 것을 상상해 본다. 이 복잡한 서울 시내에 멈추지 않고 이렇게 다닐 수 있다는 사실 만으로 인공대지는 성공한 것이다.

주변의 다양한 상가와 복고풍의 레트로 분위기를 기웃거릴 기회는 같이 따라오는 부록이다.

기존의 특성이 서로 다른 것을 엮어서 새로운 것을 만들어 낸다는 사례를 클래식 음악 분야에서 찾아본다면 악성 베토벤의 삼중협주곡(Triple Concerto) C장조[1]가 그 주인공이라 할 수 있다. 삼중협주곡은 클래식 음악에서도 아주 귀하고 독특한 편성의 새로운 음악이다. 바이올린, 첼로, 피아노의 독주 악기로 협연하는데 보통 협주곡은 협주자가 1명인데 이곡은 3명이라니 제대로 된 연주를 상상하기도 힘들다. 음악은 전형적인 콘체르토의 형식인데 협주곡이 독주 악기와 관현악의 앙상블이 중심이라면 이 음악은 3명의 협연자 간의 관계도 중요하다. 당대 최고의 연주자인 바이올린의 다비드 오이스트라흐(David Oistrakh), 첼로의 므스티슬라브 로스트로포비치(Mstislav Rostropovich), 피아노의 스비아토슬라브 리히터(Sviatoslav Richter)의 협연과 대중의 인기를 한몸에 받았던 지휘자 헤르베르트 폰 카라얀(Hervert von karajan)의 베를린 필하모니 오케스트라(Berlin Philharmonic Orchestra) 연주는 언제 들어도 놀랍다.

서로 다른 것이 합쳐져서 하나가 된다는 것 그 안에는 상상할 수도 없는 복합적인 조율과 협의가 필요하다.
다시 세운 프로젝트도 베토벤의 삼중협주곡처럼 세운 상가에서 진양플라자까지 무려 7개의 대형 건축물을 연결해서 하나가 되려 하고 그 중심에는 이_스케이프 건축사사무소가 있다.

---

1) Triple Concerto.(Beethoven)
https://ko.wikipedia.org/wiki/%EC%82%BC%EC%A4%91_%ED%98%91%EC%A3%BC%EA%B3%A1_(%EB%B2%A0%ED%86%A0%EB%B2%A4)

입체 보행 동선

> " 서로 다른 것이 합쳐져서 하나가 된다는 것
> 그 안에는 상상할 수도 없는
> 복합적인 조율과 협의가 필요하다. "

대지 건축

인공대지와 관련된 땅 즉 대지와 건축의 관계를 조금 더 살펴보자. 자연에 순응하는 한국의 전통건축은 자연 속에 묻혀 있기를 원한듯하다. 적절하게 배분해서 배치한 정자와 다양한 자연요소들의 종합작품인 한국정원은 오히려 주택, 사찰, 서원건축보다 더 한국적으로 느껴진다.

전체적으로 보면 자연과 잘 어우러지는데 가까이 가서 건축물만 보면 그 어떤 양식의 건축보다도 건축적이다. 작은 정자라도 기와지붕에 목구조의 기둥들, 석재기단과 마룻바닥, 다양한 색을 칠한 단청까지 매우 인공적이다. 자연재료를 사용하였지만, 재료를 엮고 쌓고 칠하는 행위는 인간의 활동인 것이다. 건축 형태도 명확하다. 기와지붕의 강렬한 형태와 하부의 기둥 사이의 실은 대지에서 부유한 듯 떠 있는 듯해서 심지어 투명해 보인다. 그에 비해 서양의 현대건축에서 자연과 연결된 개념의 대지 건축은 형태적으로 대지와의 연결 관계를 통해 공간적 변화를 시각화한다. 대지에서 거리를 두고 있던 지붕은 기울어져서 대지와 연결되어 정원이 되고 층별로 명확하게 구분되던 내부공간의 바닥판인 슬라브(Slab)는 구부러져서 합쳐진다. 한국의 전통건축도 서양 현대건축의 대지 건축도 자연과 밀접하다. 그러나 서로 접근하는 방법은 다르다. 실제 건축 요소를 이용하여 건축의 형태를 자연과 유사하게 만드는 서양건축과는 다르게 한국의 건축은 자연 속에 자연과 함께하여 합일화되는 분위기를 만든다. 자연 속에서 자연처럼 만드는 것이 대지 건축이라고 해서 스머프가 사는 집을 만드는 것이 아니다.

어떤 방법이 더 자연과 가까운 것일까 고민해 볼 가치가 있다.

FABLAB SEOUL
세운상가
SEWOON PLAZA
INSTITUTE
Makercity
SEWOON
하나조명
대영조명
ELECLOUD
ART LUX
보행 데크와 인공대지

모뉴멘트 밸리(Monument Valley)라는 착시 퍼즐 게임이 있다. 미국 서부 대자연의 장대한 모뉴멘트 밸리와 이름이 같다. 분위기는 오징어 게임과 비슷한 면이 있다. 모험을 떠나는 너무나도 귀여운 요정 아이다를 안전하게 목표점까지 데려다주면 된다. 모든 길은 연결이 안 된듯해도 여러 가지 장치와 착시현상을 이용하면 다 연결된다. 게임 안 각 스테이지는 모두 인공의 건축물들이다. 그런데 게임 이름은 최고의 대자연에서 따왔다. 미국의 정치 스릴러 드라마인 하우스 오브 카드(House of Cards) 시즌 3 에피소드 5에서 프랜시스에게 영감을 주는 게임으로 나오는데 나도 번뜩이는 영감을 받아 볼까 게임을 해본 적이 있다.

게임을 하면서 알게 된 사실은 게임의 배경인 인간들의 계곡이었던 곳에 남겨진 모뉴멘트를 경험하면서 난관의 과정을 해결하는 것이 건축설계와 유사하다는 것이다. 건축은 새로운 길을 찾고 만들고 개척하는 것이다. 그러기 위해 자연환경과 주변 맥락을 고려해서 그 속에 배치하고 어우러지게 하고 결국은 대지 그 자체가 된다. 조만간 다시 세운 프로젝트의 인공대지는 건물과 하나로 일체화되고 인공대지가 가로지르는 길들과 엮여서 마치 날줄과 씨줄로 직조되는 옷감처럼 완전히 도시 속에서 도시의 맥락 그 자체가 될 것을 기대해 본다. 그날이 진정으로 건축가가 말한 현대적 토속이 되는 날이리라.

건축설계자료

다시 세운 프로젝트 건축설계자료는
이_스케이프 건축사사무소 홈페이지에서 자세히 알 수 있다.
www.escape-arch.com

고가 도로 아래 숨어 있는 다락

화려한 화초장 속을 뒤집다

05 다락옥수

조진만 건축사사무소

신기한 다락/닷집

서울을 동서로 가로지르는 한강은 강의 크기나 주변의 풍경 등 모든 면에서 뛰어남을 자랑한다. 한강을 남북으로 가로 지르는 여러 개의 한강 다리도 기차나 지하철용 철교, 자동차용 대교, 복합 교량, 보행교, 2층 교량, 해저터널 등 다양하다.

그중 강남의 압구정동과 강북 옥수동을 연결하는 동호대교는 자동차와 지하철이 서로 얼굴을 마주 보며 나란히 달리는 복합교량이다. 압구정동을 떠나 시원스럽게 한강을 가로질러 옥수역에 다다르면 3호선과 경의중앙선이 연결되는 지하철역과 입체 고가도로가 된다. 평소에는 다리나 고가도로 위로만 다니다 보니 하부 공간은 눈에 띄지도 않고 자연스레 관심이 없었다. 그런데 어느 날 옥수역에서 내려 7번 출구로 나와 땅을 밟으면서 보니 관심 가는 것이 생겼다. 옥수역 입체 고가도로의 하부공간이 다락옥수라는 새로운 건축으로 탈바꿈한 것이다.

지하철역 하부에 고가도로를 떠받치는 듯 보이는 거울판, 가공하지 않은 나무 그대로의 원목 기둥들, 인공 언덕과 인공조명 꽃, 그 안쪽에 수줍게 숨어 있는 문화공간이 한덩어리로 모여 있다.

원래 고가도로 아래는 비어있는 공간이지만 그동안 적극적으로 사용하기가 쉽지 않은 공간이었다. 그런 공간을 제대로 활용한 것이 다락옥수이다. 다락 또는 닷집이라고 불러야 하는 걸까? 이름도 다락옥수니 다락이 맞을법하다. 그런데 다락은 집에서 숨어있는 공간인 경우가 많다. 지붕과 천장 사이의 공간인데 박공지붕의 개인 주택인 경우 지붕 아래 많이 생겼는데 최근에는 개인 주택이나 공동 주택의 경우 박공지붕보다 평평한 평지붕이 많아 다락이 생기기 어렵다. 다락은 외부에서는 보이지 않는 내부 사용자만이 아는, 가족의 잡동사니의 물건과 함께 개인적인 역사나 비밀이 있는 공간이다. 결국, 꼭 필요한 공간은 아니지만 있으면 유용하게

다락옥수 전경

다락옥수 언덕

사용되는 공간이 다락이고 유휴공간일 것이다. 또한, 닷집은 우리에게는 익숙하지 않지만, 집 속의 집이라는 뜻으로 커다란 공간 안에 또 다른 공간으로 이해하면 된다. 두 가지 모두 다락옥수의 특성을 잘 설명하는 듯하다.

다락옥수를 외부에서 본다면 고가도로 하부 공간과 크게 연관 있어 보이지는 않는다. 단지 고가 하부에 위치하고 있을 뿐이지 다락옥수 자체는 고가와 연결된 것이 아닌 그 자체로 완결된 건축으로 보인다. 하부 공간이란 의미는 건축물 위로 무언가가 있어 하늘이 가려진다는 의미이다. 고가도로가 자연스럽게 높은 지붕의 역할을 하므로 지붕 아래 새로운 지붕을 만드는 데 자유로울 수 있다.
다락옥수는 이점을 충분히 활용해서 지붕을 땅에서부터 끌어 올려 특이한 건축물을 만들었다.
소위 대지의 연속성을 최대한 이용한 상태이다. 그 결과 한쪽은 필요한 프로그램의 내부공간을 만들었고 다른 쪽은 인공대지의 언덕이 나타났다. 일석이조다. 새롭게 만든 공간의 내부는 복합문화공간으로 외부는 옥수역 광장으로 모두 다 제대로 사용된다. 복합문화공간은 크고 작은 실내공간이며 외부 공간은 흰색 조명의 꽃동산 언덕과 비워 놓은 광장이 밤이나 낮 언제라도 사람들이 모여서 즐거운 시간을 보낼 수 있을 듯하다.

cafe 소확행

삼중 천장

다락옥수에 머물면서 또 한 가지 눈에 띄는 것은 다락 옥수 외부 공간의 상부에 있는 거울로 만든 또 다른 외부 천장이다. 이곳에는 천장이 여러 개다. 고가도로 자체가 천장이 되고 외부 공간의 유리 패턴 천장이 하나 있고 다락옥수 자체의 내부 천장이 있다. 내, 외부 공간에 겹겹이 만들어진 천장들 덕분에 우리는 사이 공간들을 통해서 안전한 공간과 더불어 주변 풍경을 반사해서 보거나 나지막하고 편안한 공간을 만나게 되는 것이다. 그중 거울로 만든 천장은 주변의 맥락과 그곳을 지나가는 내 자신의 행동을 반사하기도 하지만 항상 바닥을 보고 사는 현대인을 천장을 통해 하늘까지도 바라보라는 듯 우리의 시선 방향을 바꾸어 놓는다. 이로 인해 다락옥수는 밤낮으로 블링블링한 다락으로 재탄생했다. 낮에는 거울로 길의 하부를 반사해서, 밤에는 불빛으로 밝힌 인공조명 꽃들이 가득한 언덕으로 환하다.

다락옥수 지붕

다락옥수 거울 천장

우리가 사는 사회는 현대로 올수록 가난해진다고 한다. 예전에는 땅도 물도 돈도 풍부했는데 현대로 올수록 사는 집도 작아지고 쓰는 돈도 줄어들고 물도 아껴 써야 한다고 한다. 한정된 지구의 자원과 인류 전체를 놓고 볼 때 인구가 많아져서 그만큼 나눠야 하는 사람은 많고 각자의 몫이 줄어드는 인구론에 기댄 절대적인 산술 계산이 아니더라도 상대적으로 여러 가지 면에서 각박해질 수밖에 없는 실정인가보다. 공간도 마찬가지이다. 도시가 커지고 많은 사람이 모일수록 한 줌의 작은 공간이 귀하고 소중하다. 기존에는 생각하지 않았던 공간을 잘 찾고 최대한 활용하며 아껴 쓰는 지혜가 필요한 시대이다. 다락옥수는 그 역할을 제대로 충분히 하고 있는 듯하다.

다락옥수 외부공간

2

1. 뚝섬 입체 교차로
2. 뚝섬 자벌레 서울생각마루

한강변 옥수역 하부의 다락옥수에서 한강을 따라 동쪽으로 조금만 가면 뚝섬과 뚝섬유원지가 나온다.
지하철 7호선 뚝섬유원지역과 연결된 강변북로 입체 교차로 하부에 복합문화공간인 뚝섬 자벌레 서울생각마루가 있는데 이곳도 다락옥수와 같이 고가 하부의 유휴공간을 적절하게 이용하여 또 하나의 놀라운 문화중심 공간을 만들어냈다.
옥수역이 지하철을 중심으로 하는 고가라면 뚝섬유원지역은 한강변을 배경으로 강변북로의 거대한 회전 입체교차로가 놓여있는 곳이다.
멀리서 보면 일반적인 입체교차로인데 지하철역에서 내려 한강변으로 걸어가다 보면 입체교차로의 규모가 생각보다 압도적으로 크다는 것을 알 수 있다. 그런데 회전교차로를 따라 벌레처럼 생긴 원형의 공간이 위치한다.
바로 자벌레처럼 생겨서 이름도 뚝섬 자벌레다.

이곳은 청담대교의 강변북로 교체 입차로라서 큰 원형을 그리는 고가도로가 여러 개 겹치면서 기하학적 공간을 만들어낸다.
그 결과 넓게 펼쳐진 한강을 배경으로 현대도시라는 도시풍경을 명확하게 드러내고 있다. 도시라는 빈 공간에 한번에 커다란 획을 긋는 붓글씨처럼 일필휘지로 단숨에 써내려간 리버스(Rebus)와 같다. 리버스가 그림이 글자가 되고 그림과 문자가 뒤섞여 콜라주와 수수께끼처럼 모호해지고 다양한 해석이 가능해지는 것처럼 도시 속 인프라스트럭쳐(Infrastructure)는 여러 겹의 의미를 함축하고 있다. 게다가 현대사회에서 도로와 다리는 기능적이고 효율적인 것이 우선 할 수밖에 없는 토목 분야이지만 이제는 조금씩 미학적인 요소와 의미를 담으려고 노력하고 있다.

뚝섬 자벌레 구조체 기둥

뚝섬 자벌레는 어릴 적 한 뼘 두 뼘 벌레라고 했던 자벌레를 쏙 빼닮았다. 자벌레는 앞쪽 머리와 후미부분만 다리가 있고 가운데 몸통부분은 다리가 없어서 한 뼘, 두 뼘 손으로 길이 재듯이 기어간다. 이곳은 일반 건축물처럼 땅에 면해있는 것이 아니라 공중에 떠있고 건물을 받치기 위해 중간 중간 기둥이 있다. 그리고 건물의 하중을 효율적으로 분산하기 위해서 기둥의 윗부분이 손가락처럼 펼쳐져 있다.

그 결과 기다란 자벌레와 똑 닮았다. 고가도로 하부의 넓은 잔디 의자에 앉아 뚝섬 자벌레와 한강의 풍경을 보니 서울 생각마루가 진짜 자벌레 같다는 느낌이 든다. 언뜻 보면 고가도로의 한 부분처럼 보인다. 자벌레가 주변의 나뭇가지나 이파리와 비슷하게 구분이 안 가듯이 이곳의 자벌레도 주변 환경과 유사하게 설계되어 마치 교차로가 만들어진 때부터 있었던 것처럼 보일 정도이다. 실제 곤충 자벌레는 멀리서 보면 꼬물꼬물 움직이는 것이 귀여운데 가까이 가서 보면 약간 징그럽다.

그런데 이곳은 그렇지 않다. 멀리서 봐도 가까이서 봐도 좋아 보인다.

지하철역에서 뚝섬 자벌레가 만나는 입구

멀리서 봤으니 이제 뚝섬 자벌레를 조금 더 가까이 들여다보자. 자벌레는 지하철역과 바로 연결되어 있다. 서울의 다른 지하철과 달리 지상 고가에 있는 뚝섬유원지역에 내리면 지상으로 내려가는 계단과 자벌레로 들어가는 곳 이 자연스럽게 나뉜다. 자벌레로 들어가면 자벌레 속을 따라 강변 쪽 끝까지 갈수 있는데 지금은 닫혀 있어 아쉽다. 그런데 계단을 내려가면 자벌레 속으로 들어가면 못 볼 놀라운 풍경이 마주한다.

매번 강변북로를 자동차로 다니기만 해서 고가 하부를 볼 수 없어 교차로나 고가의 하부 유휴공간을 이렇게 머물러 있을 기회가 없었다. 막상 고가도로 하부에서 고가의 상부와 한강을 보면 예상했던 것과는 다른 공간의 스케일에 놀란다. 거대한 유휴공간은 한강을 찾는 자동차 주차장 정도가 담긴다. 땅은 좁고 사람은 많아서 살기 힘든 곳이 서울인데 이런 곳은 텅 비어있다. 예전에는 함부로 쓰면 안 된다는 그리고 사용할 생각도 못하고 버려둔 공간이었다. 지상은 주차장과 한강 고수부지 접근을 위한 도로가 있으니 기존의 지상부분과 고가도로인 입체교차로 사이공간은 어떤 용도로든 사용이 가능하다. 이 사이공간에 모든 시민을 위한 공공공간이자 공용 프로그램을 담는 건축을 샌드위치처럼 끼워 넣었다.

" 이런 노력이 조금 더 적극적으로 펼쳐지면
뚝섬 자벌레는 한강변 수풀 속
진짜 자벌레처럼 될지도 모른다. "

자벌레 머리 원형 전망대

지상부분에서 거대한 고가와 입체교차로를 살펴보고 한강 쪽으로 걸어가니 자벌레로 들어가는 계단이 몇 개 나타난다. 철골로 만든 기능적인 계단이지만 가볍고 경쾌하다. 그리고 자벌레 다리처럼 생긴 기둥을 몇 개 지나면 자벌레 몸통이 길게 나타난다. 계단을 통해 몸통으로 들어가면 전시공간 등 공공 프로그램을 담은 곳으로 들어간다. 내부공간을 걸으면 막다른 곳에 다다른다. 원통형의 공간 끝은 원형 전망대로 뚝섬 자벌레의 공간을 마무리한다.
뚝섬 자벌레를 자세히 보면 연속된 공간, 금속 패널로 뒤덮은 외피, 구조체를 이용해 공중에 떠 있는 건축 매스 등 예사롭지 않은 현대건축의 어휘로 가득하다. 그리고 자벌레를 둘러싸고 있는 토목의 결정체인 고가도로는 현대 사회의 토목과 건축의 결정체처럼 보이지만 그로 인해 도시적 삭막한 분위기가 형성된다. 건축물이 위치한 사이트가 한강변이라 그나마 분위기가 조금 완화되지만 자연만의 역할로는 역부족이다. 그런 삭막함을 더 완화시키려는 듯 고가도로 기둥에 담쟁이가 올라가고 있다.

이런 노력이 조금 더 적극적으로 펼쳐지면 뚝섬 자벌레는 한강변 수풀 속 진짜 자벌레처럼 될지도 모른다.

자벌레 주변 풍경

다락옥수 외부 풍경

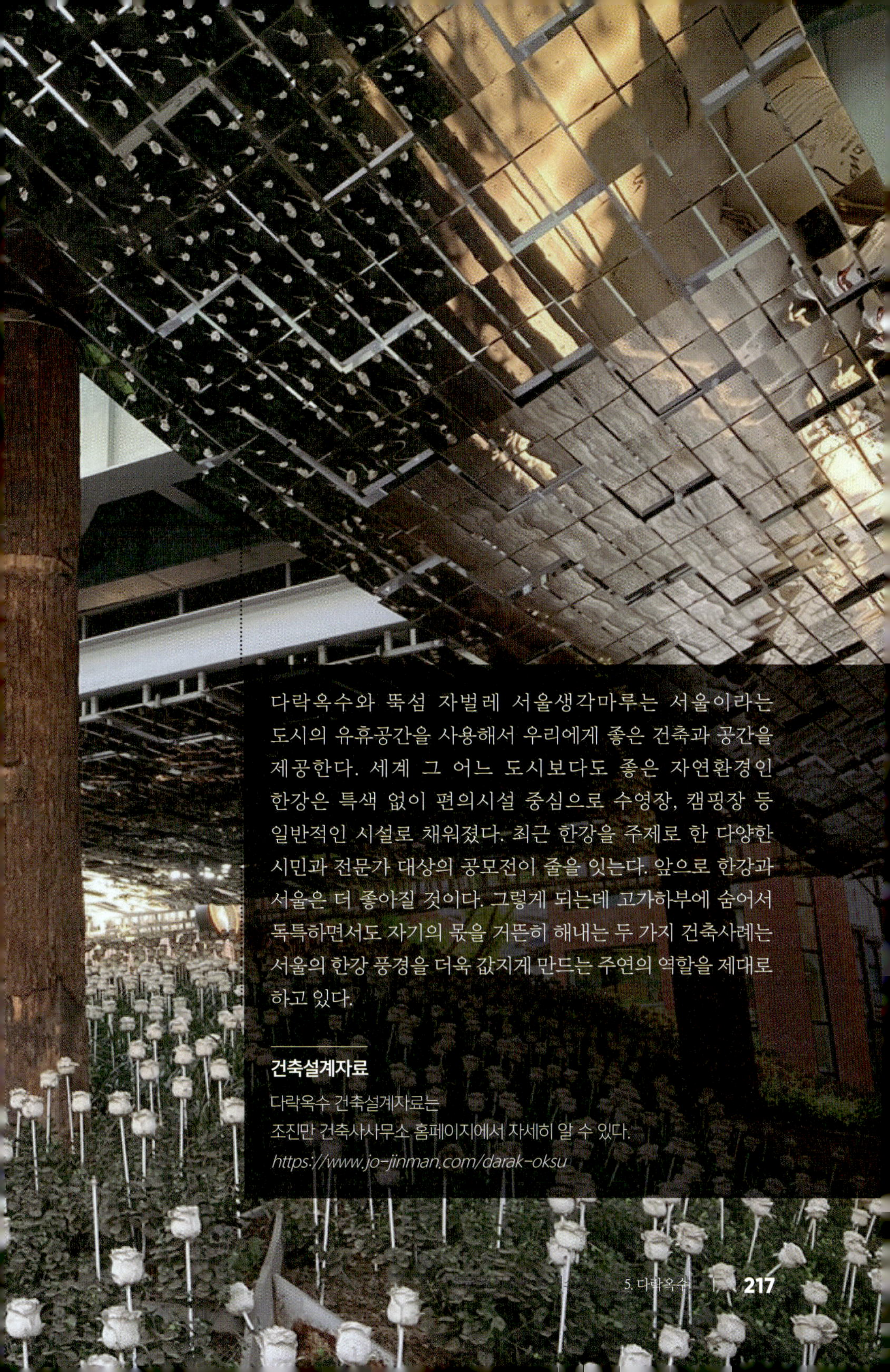

다락옥수와 뚝섬 자벌레 서울생각마루는 서울이라는 도시의 유휴공간을 사용해서 우리에게 좋은 건축과 공간을 제공한다. 세계 그 어느 도시보다도 좋은 자연환경인 한강은 특색 없이 편의시설 중심으로 수영장, 캠핑장 등 일반적인 시설로 채워졌다. 최근 한강을 주제로 한 다양한 시민과 전문가 대상의 공모전이 줄을 잇는다. 앞으로 한강과 서울은 더 좋아질 것이다. 그렇게 되는데 고가하부에 숨어서 독특하면서도 자기의 몫을 거뜬히 해내는 두 가지 건축사례는 서울의 한강 풍경을 더욱 값지게 만드는 주연의 역할을 제대로 하고 있다.

건축설계자료

다락옥수 건축설계자료는
조진만 건축사사무소 홈페이지에서 자세히 알 수 있다.
https://www.jo-jinman.com/darak-oksu

PART. 4

관계를 파악하다

GRASP THE RELATIONSHIP

도넛 구멍 같은 소통의 건축 _ 구조주의와 위상학적 관통

도시의 심장을 뚫다

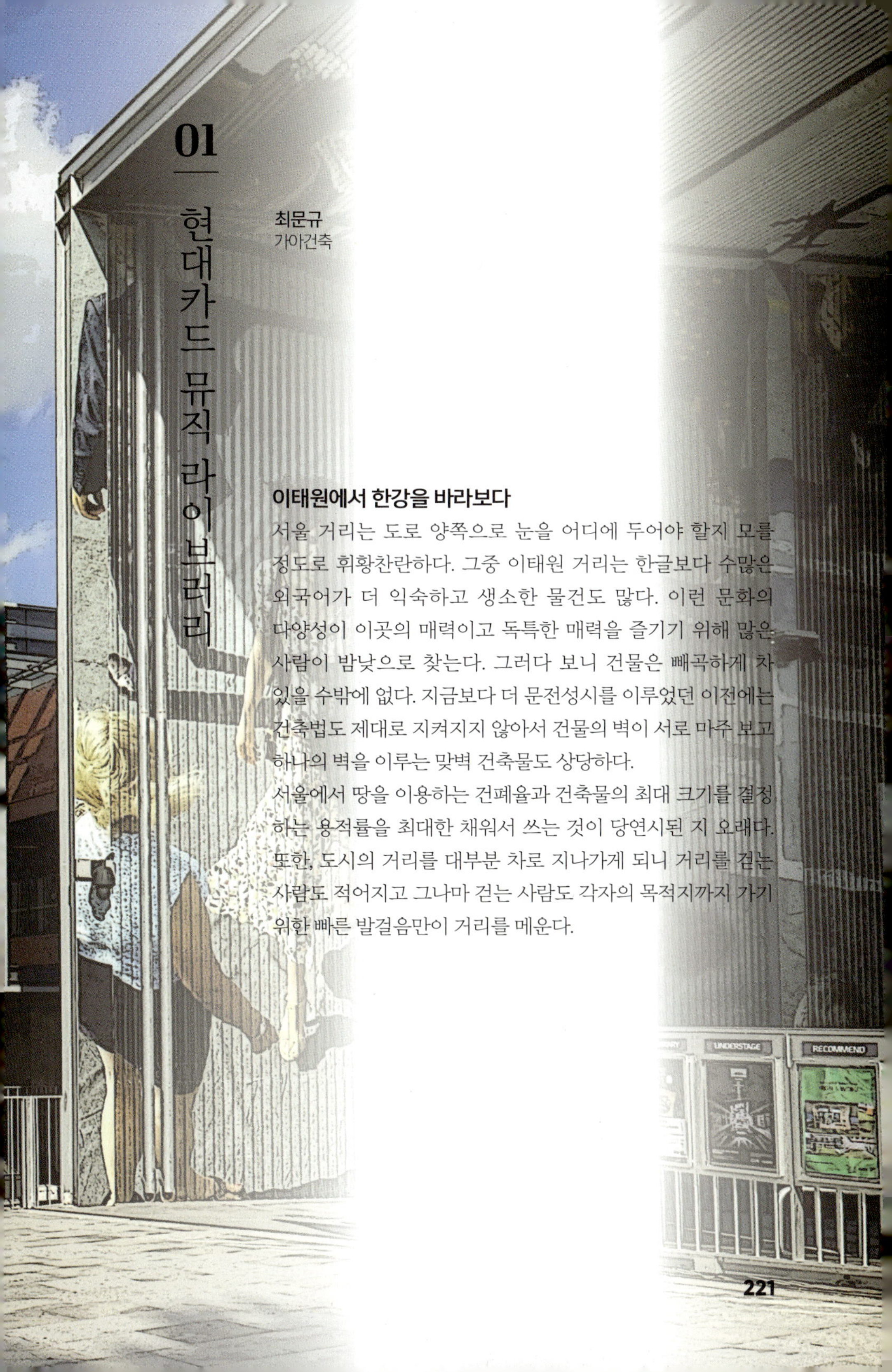

01 현대카드 뮤직 라이브러리

최문규
가아건축

이태원에서 한강을 바라보다

서울 거리는 도로 양쪽으로 눈을 어디에 두어야 할지 모를 정도로 휘황찬란하다. 그중 이태원 거리는 한글보다 수많은 외국어가 더 익숙하고 생소한 물건도 많다. 이런 문화의 다양성이 이곳의 매력이고 독특한 매력을 즐기기 위해 많은 사람이 밤낮으로 찾는다. 그러다 보니 건물은 빼곡하게 차 있을 수밖에 없다. 지금보다 더 문전성시를 이루었던 이전에는 건축법도 제대로 지켜지지 않아서 건물의 벽이 서로 마주 보고 하나의 벽을 이루는 맞벽 건축물도 상당하다.

서울에서 땅을 이용하는 건폐율과 건축물의 최대 크기를 결정하는 용적률을 최대한 채워서 쓰는 것이 당연시된 지 오래다. 또한, 도시의 거리를 대부분 차로 지나가게 되니 거리를 걷는 사람도 적어지고 그나마 걷는 사람도 각자의 목적지까지 가기 위한 빠른 발걸음만이 거리를 메운다.

건물과 사람으로 꽉 찬 이태원 거리 한복판에 새로운 건축물이 들어섰다. 그런데 놀랍게도 건물이 들어설 수 있는 대지의 절반을 비웠다.
빈 곳에는 건물의 프레임인 벽과 지붕만이 있다. 대지의 한 쪽 편에는 음악을 들을 수 있는 공간을 만들었다. 이곳을 지나가는 사람들은 빈 공간을 보고 놀라워한다. 가까이 가면 누구나 다 탄성을 지른다. 여기에서 한강의 풍경이 보인다고. 바로 눈앞에 한강이 있는 것은 아니지만 이태원 거리의 높은 지대에서 열어 놓은 빈 공간을 통해 한남동의 낮은 건물이 만드는 도시의 풍경과 그 너머 한강과 강남의 도시풍경이 연속으로 눈에 들어온다.

현대카드 뮤직 라이브러리 외부(2015)

주변 다른 곳에서는 눈앞 가까이 있는 건축물의 1층 쇼윈도만 보다가 갑자기 멀리 있는 도시의 풍경을 본다는 것은 쉽게 예상하지 못하는 상황이라 사람들은 당황하면서도 신선함을 느낀다.
건축가이자 교수인 가아건축의 최문규는 이태원에 빼어난 건축을 남겼다. 건축설계 초기를 담당했던 SANAA 세지마 카즈요의 개념인 남산에서부터의 경사 흐름을 유지한 채 사이트의 상황을 그대로 이용한 건축물이 앉혀진 대지의 경사진 바닥도 남다르다.

이곳에 서보면 그동안 우리는 우리 주변을 얼마나 많이 채웠는지 알게 된다. 매일 무언가를 먹고 사고 내 것으로 만들어 내 공간을 채운다. 곳간을 채워야 그리고 배를 채워야 든든하다는 말은 이젠 오래된 구시대적 생각이다. 이제 우리는 매일 다이어트를 시도하고 영양 과다를 걱정하고 성인병을 염려하는 시대에 산다. 보릿고개가 무언지 모르는 때가 된 것이다. 어쩌면 다행이고 행복한 고민일 수도 있겠다. 그러나 무엇이든지 과하면 탈이 나듯 우리의 도시는 과한 건축물로 가득하다. 그래도 아직은 건축이 배고픈지 우리는 계속 만들고 채우고 산다. 사람들이 많이 모이게 되면 그에 다른 문제점과 부작용이 나타난다. 이제 우리의 도시는 한계에 도달했다. 아무리 이상 기후와 북극의 빙하 녹는다는 사실을 미디어에서 경고한다고 해도 실제로는 우리의 피부에 잘 와 닿지 않지만, 이곳에 오면 채우지 않고 비운 것이 얼마나 좋은지 바로 이해가 된다.

뮤직 라이브러리 입구의 바닥 경사(2015)

현대카드 뮤직 라이브러리에서 바라본 도시 풍경(2021)

도넛 구멍의 의미

현대카드 뮤직 라이브러리의 공간구성은 간단하다. 일단 외부에서 매스의 형태는 전체적으로 벽과 지붕으로 하나로 되어있지만, 절반은 비어있고 나머지 절반은 뮤직 라이브러리로 사용한다. 이태원 길에서 바로 연결되는 작은 외부 공간은 평탄한 직선이 아니라 약간 경사진 굴곡의 대지로 만들어서 직선의 건축물과 대비를 이룬다. 그리고 외부 공간의 한쪽 벽은 건축이 완공된 2015년 당시에는 공연 역사상 최고의 열정과 비극의 사건이었던 롤링스톤즈(Rolling Stones)의 1969년 12월 6일 미국 캘리포니아 앨타몬트(California Altamont) 공연이 프린트된 스크린이었다.

현재는 다른 것으로 바뀌었다. 개인적으로 이곳을 좋아해서 자주 방문했는데 그중 2015년, 2017년 그리고 2021년 사진을 비교해 보면 나 자신의 변화와 함께 세월에 따른 건축과 주변 풍경의 차이를 알 수 있다. 이곳의 난간에 기대서서 한강의 바람을 맞으며 외부의 풍경을 만끽해 보길 권한다.

1

2

1. 현대카드 뮤직 라이브러리 외부(2015) 2. 현대카드 뮤직 라이브러리 외부(2017)
3. 현대카드 뮤직 라이브러리 외부(2021)

뮤직 라이브러리와 음악 감상실

뮤직 라이브러리로 들어가면 1층에 입구와 카페가 있다.
엘리베이터를 타고 라이브러리를 가면 상당히 층고가 높은 중정에 많은 엘피(LP)판의 수장고가 나타난다. 가운데 공간은 음악을 듣는 곳이고 유리 매스의 3면이 엘피로 가득 차 있다. 비록 헤드폰으로 듣는 음악이라 조금 아쉽지만, 서울의 풍경을 바라보면서 오래된 LP의 감성에 빠져볼 만하다. 이곳에 오후가 되면 햇빛에 의해 조금 더 낭만적으로 변한다. 간 김에 재즈 엘피 하나를 골라서 들어본다. 존 콜트레인(John Coltrane)이 1957년에 발표한 앨범 블루 트레인(Blue Train)[2]이다. 디지털 스트리밍보다 조금 따뜻한 음이 나오는듯하다.
머릿속에 음악에 관련된 많은 추억이 주마등처럼 떠오른다.

---

2) Blue Train (John Coltrane)
https://ko.wikipedia.org/wiki/Blue_Train_(%EC%9D%8C%EB%B0%98)

3

뮤직 라이브러리 내부 공간(2021)

대학교 다닐 때 학교 내 학생회관 안의 음악 감상실을 즐겨 찾았다. 주로 클래식 음악이고 가끔 재즈도 흘러나왔다. 하필 클래식 음악에 빠져 있을 때여서 참새가 방앗간 지나치지 못하듯 자주 들려서 음악을 듣곤 했다.

조용한 공간에 스피커에서 뿜어져 나오는 클래식 음악의 두터운, 때로는 명징한 음색이 좋았다. 어느 때는 화려하고 웅장한 관현악이 때로는 바이올린이나 첼로 독주가 나왔다. 재미있었던 것은 디제이(DJ)도 학생인데 음악을 틀어주고 그 긴 클래식 음악 제목과 작품번호와 연주자들까지 외워서 음악 감상실 앞쪽의 칠판에 어렵게 적어주는 것이다. 좋아하면 저 정도까지 하는 거구나 감탄을 했다. 그리고 내가 좋아하는 클래식 음악을 들을 때마다 조금 더 신경 써서 살펴보게 되었다. 한번은 베토벤의 삼중협주곡을 듣는데 연주자가 독주 악기인 피아노, 바이올린 첼로에 지휘자까지 네 명의 이름이 쓰여있었다. 그런데 공교롭게도 모든 독주자가 러시아 태생이라 한명 한명의 이름이 엄청 길어서 제대로 읽기도 쉽지 않았다. 하지만 그 곡을 너무나 좋아해서 자주 듣다 보니 자연스럽게 그 긴 이름들을 다 외우게 되었다

나에게 오래된 추억까지 떠오르게 하는 이태원의 현대카드 뮤직 라이브러리는 많은 부분에서 성공작이다. 현대건축의 공간적 관통이라는 위상학의 대표적 실천과 함께 추억을 소환하는 개인적 경험과 공간의 분위기를 만들어 내는 것까지..

뮤직 라이브러리 내부 2층 계단(2021)

뮤직 라이브러리 내부 2층 공간(2021)

"나에게 오래된 추억까지 떠오르게 하는
이태원의 현대카드 뮤직 라이브러리는 많은 부분에서
성공작이다.
현대건축의 공간적 관통이라는
위상학의 대표적 실천과 함께 추억을 소환하는
개인적 경험과 공간의 분위기를 만들어 내는 것까지."

현대건축의 위상학적 관통(2015)

구조주의와 현대건축의 위상학적 연산

3차원의 공간에서 두 개체의 관계를 연결하는 위상학적 관통 유형의 대표 형태인 도넛은 도넛 가운데 뚫려있는 구멍이 생명이다. 우리는 도넛을 먹을 때 구멍까지 먹는다.
구멍만 남아있는 도넛이라는 시집을 보고 처음에는 이해가 안 갔다. 왜 실체도 없는 빈 구멍의 공간이 화두인가?
너무 깊게 생각하지 않아도 된다. 현대카드 뮤직 라이브러리의 공간을 아주 단순화시킨다면 구멍 뚫린 도넛으로 표현할 수 있다. 도넛을 다이어그램으로 그릴 때 네모 상자에 동그란 빈 공간이든 네모 구멍 난 네모 상자이든 동그란 형태의 일반적인 도넛이든 위상학 관점에서는 다 같다.
종이 위에 그려진 사각형, 삼각형, 원은 유클리드 기하학에서는 다 다르지만, 위상학에서는 종이라는 평면 위의 형태만 다르지 공간의 관계는 같다는 것이다. 지금까지의 건축이 구멍 없이 막힌 원의 3차원적 형태인 구라면 이곳은 구에 구멍을 뚫어 새로운 위상을 만든 도넛이 된 것이다. 결국, 뮤직 라이브러리는 도넛이 된다. 위상학의 마술이다.
1900년대 초 중반의 근대건축에서 벗어나려는 노력의 결과인 구조주의는 1970년대 유럽에서 일약 센세이션을 일으켰다.

프랑스 68 사건과 연결되어 시대적 사명감처럼 젊은 세대의 가슴에 불을 지르고 미국으로 급속히 번졌다.

당시 유럽은 이성적이고 자기 완결적인 흰색의 유려한 기하학적 형태의 근대건축은 구조주의라는 새로운 혁명적 사고에 의해 현대건축으로 변해간다. 근대건축은 어디에 갖다 놔도 잘 어울릴 것만 같은 합리적인 사고의 결과물을 산업화와 표준화된 건축 재료를 이용하여 완성도 높게 대량생산까지 된다. 그러나 이런 건축의 이면에는 합리성에 대한 반발이 잠재되어 있었다. 사회적 상황과 연결되어 현대건축은 근대건축에 대한 반항처럼 형성되었다. 공간에서 서로의 관계를 찾아 공통점을 찾는 위상학과 눈에 보이는 시각적 대상보다 눈에 보이지 않는 하부구조나 시스템에 의해 작동하는 새로운 사고를 바탕으로 지금까지 관심 두지 않았던 소외되었던 것들을 찾아내고 주변과의 관계를 이용하여 새로운 건축을 시도했다. 이후 현대건축은 현대 프랑스 철학을 등에 업고 크게 날아올랐다. 1980년대 새로운 스타 건축가들이 하루가 멀다고 위상학을 이용하여 이전에 볼 수 없던 새로운 유형의 건축을 만들어 냈다. 다양한 위상학적 유형 중 대표적인 것이 공간의 관통(Penetration)이다. 서로 다른 공간에 있어 만나지 못하는 대상을 서로 연결하려면 공간을 가로질러야 한다. 소위 구멍을 뚫어야 새로운 관계를 형성할 수 있다. 이후 수많은 건축물은 도시의 공간을 뚫고 연결하고 입체적으로 변하게 된다.

현대건축의 위상학적 관통(2017)

현대건축의 위상학적 관통(2021)

"서로 다른 공간에 있어
만나지 못하는 대상을 서로 연결하려면
공간을 가로질러야 한다.
이후 수많은 건축물은 도시의 공간을 뚫고
연결하고 입체적으로 변하게 된다."

건축에서 새로움이란 무엇인가?

위상학과 생기론을 핵심으로 하는 후기 구조주의 철학자 질 들뢰즈(Gilles Deleuze)[3]는 프란시스 베이컨(Francis Bacon)의 회화를 이용하여 자신의 예술론을 설명한다.

구상 회화 이후의 기호화된 추상미술과 순간의 결과인 추상표현주의 모두 기존의 구상주의에 반하지만 각 경향은 한계가 나타나서 추상과 구상 그 사이에서 줄타기하는 베이컨의 회화에 관심을 갖는다.

구상도 추상도 아닌 통제된 다이어그램은 현대건축에서도 새로운 공간의 유형을 찾는 데 유용하고 그 결과 다양한 유형을 발견했다. 프란시스 베이컨의 1953년 작품 '벨라스케스의 교황

---

3) 질 들뢰즈
https://ko.wikipedia.org/wiki/%EC%A7%88_%EB%93%A4%EB%A2%B0%EC%A6%88

뮤직 라이브러리 외부공간(2017)

인노첸시오 10세 초상화에 따른 연구'는 스페인의 화가 디에고 벨라스케스(Diego Velázquez)가 1650년에 그린 '교황 인노첸시오 10세의 초상'을 그린 것이다. 대상의 재현이 중요했던 르네상스 시대에서 벗어나 상징과 기호라는 고전주의의 새로운 경향을 만들어 낸 화가인 벨라스케스의 작품을 이용해 현대의 화가는 또 다른 새로움을 만들어 냈다.

미셸 푸코(Michel Foucault)가 서양 유럽의 통시적 연구에서 주장하는 150년 주기의 두 번을 건너뛴 300년 간격의 에피스테메(Episteme)에서 발견되는 새로운 시대적 반복, 이것이 역사를 설명하는 중요한 사례가 아닌가라는 생각이 든다. 푸코가 1500년 이후 150년 간격으로 구분한 서유럽의 연대기와 에피스테메로 본다면 1950년 이후 현대라는 새로운 시대가 시작된 지 벌써 70여 년 절반 가까이 흘렀다.

디지털이라는 시대적 사조에 서유럽도 아닌 변방의 한국 현대 건축은 어떻게 대응하여야 할까?

뮤직 라이브러리 북쪽 야간 분위기(2017)

지금까지 한국의 건축은 유럽의 근, 현대건축과는 거리가 멀었다. 한국이 근대 사회로의 개방 이후 소수의 건축가에 의해 서양의 근대건축이 들여왔고 심지어 일본을 거쳐 들어온 경우가 대다수이다. 그러나 1990년 이후 국내 건축학도는 미국과 유럽 등 건축 유학을 통해 서양의 현대건축을 한국에 직접 이식하였고 최근에는 수많은 젊은 건축가들이 다양하고 새로운 건축을 선보이는 중이다. 현대카드 뮤직 라이브러리라는 현대건축의 대표적인 위상학적 유형인 관통하는 공간이 한국을 대표하는 도시의 한복판에 나타났다고 이렇게 호들갑스럽게 세상에 알리는 이유는 이제 우리도 서양의 건축을 많이 따라잡았고 한국전통건축의 좋은 건축적 특성도 포함해서 우리만의 새로운 현대건축이 만들어질 날이 얼마 안 남았다는 것을 말하고 싶은 것이다.

그런 의미에서 현대카드 뮤직 라이브러리는 한국 현대건축의 로제타스톤(Rosetta Stone)이다.

건축설계자료

현대카드 뮤직 라이브러리 건축설계자료는
가아건축사사무소 홈페이지에서 자세히 알 수 있다.

H music library : Ga.A Architects
2015_H Music Library ga.a architects/interior_gensler
http://www.gaa-arch.com/index.php?/1516/hyundai-card-music-library--understage/

금속과 빛으로 꽃을 만든 포털

이곳에 가면 항상 꽃잎이 떨어진다

02

꽃빛

에스티피엠제이(stpmj) 건축

꽃과 빛으로 물든 경계

서울의 용산지역은 강북과 강남을 연결하는 지리적 요충지에 위치하면서 정치, 경제적 전략 중심지로 최근 여러 분야에서 급부상하고 있는 지역이다. 예전에도 배산임수(背山臨水)라는 풍수적 이점으로 한남동은 명당 중에서도 명당으로 유명하다. 서울의 지리적 기준을 남산과 한강으로 하는 전통적인 관점에서 본다면 아무리 부동산 가치가 높다고 하는 강남도 이곳에 비할 바가 못 된다.

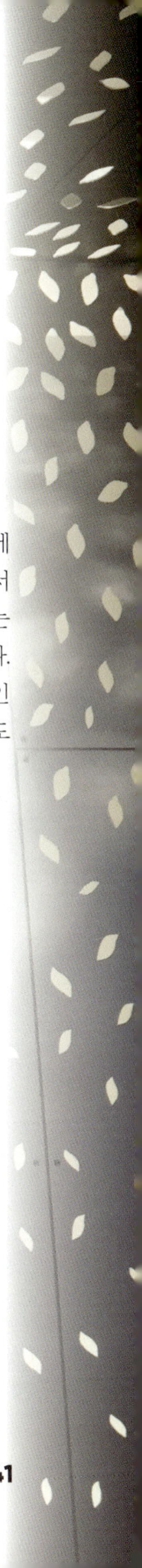

아모레 퍼시픽 본사

아모레 퍼시픽 본사 로비

서울 최고의 명당자리인 이곳에 2017년 한국을 대표하는 화장품 기업인 아모레 퍼시픽(Amore Pacific) 본사가 지어졌다. 영국의 저명한 건축가 데이비드 치퍼필드(David Chipperfield)는 모든 것으로 꽉 찬 서울 도심 한복판에 거대한 반투명 육면체와 중앙 부분에 물리적으로 시각적으로 보이드를 만들어 비움의 미학을 만들었다.

이 건축은 일약 혁신의 아이 콘으로 부상했다.
주변의 맥락을 섬세하게 살펴서 적절한 규모의 단순한 박스를 만들고 모든 입면에는 루버(Louver)를 이용하였다.
다양하고 복잡한 디테일이 시시각각 변화하는 단순한 다면체는 현대건축의 새로운 방향처럼 받아들여졌다. 특히 비워진 내부공간인 로비는 그야말로 놀라움의 공간이다. 와플 형태의 노출콘크리트 천장에서 내리는 빛과 거대한 보이드는 마치 무결점의 우리 내 백자를 보는 듯하다.
이곳 지하에 이보다 더 놀라운 꽃빛 프로젝트가 숨어있다.

꽃빛 그라데이션(Gradation)

꽃빛 디테일

꽃빛의 위치

지하철 4호선 신용산역 주변으로는 정치, 경제적 변화에 따라 새롭게 형성되는 도시 공간들이 많다. 한국 근대사의 중심이자 미국의 영향이 직접 미치는 공간과 함께 오래된 서울의 도시 조직이 그대로 남아있는 사이를 비집고 근대적 도시 개발을 통한 현대 한국 사회 부의 상징인 주상복합과 고층의 건물들이 들어서 있다. 그중에서 지하철역과 이어지는 본사 사옥의 연결 통로가 독특하다. 현대도시의 대표적인 하부구조이자 교통수단인 지하철과 주변 건축물과의 연결은 필수일 정도로 건축과 도시는 하나로 연결된다. 도시의 서로 다른 공간을 연결하는 출입구 공간은 현대건축일수록 역할도 커지고 그에 따라 공간도 점점 커지고 있다. 신용산전철역과 아모레 퍼시픽 본사를 연결하는 프로젝트인 꽃빛은 직, 간접적인 방법을 이용하여 서로 다른 연결통로를 현상학적으로 인지하게 한다. 아이디어 기반의 설계사무소인 에스티피엠제이(stpmj) 건축이 작지만, 환상적인 공간을 연출했다. 파란색으로 표시된 지하철 4호선 신용산역의 적나라한 현실 공간 속 기능적으로 작동하고 그에 따른 결과로 나타난 건조한 공간의 감각은 아모레 퍼시픽 본사의 투명하고 모호하면서 열려 있는 공간 앞에서 몹시 당황스러울 수 있다. 서로 다른 공간이 충돌하는 이곳에서 꽃빛은 서로 다른 상황들이 갑자기 만나야 하는 서로의 어색함을 적절히 달래고 어르는 모습이다. 마치 상황을 다 겪어봐서 당황하지 않게 미리 세심하게 배려하는 듬직한 이웃집 형과 같다. 꽃빛의 많은 가치 중에서도 가장 큰 가치이자 제일 중요한 존재 이유다.

꽃빛 꺾임 통로

두 개의 꽃빛 터널

꽃빛의 공간을 자세히 살펴보면, 우선 출입구 양쪽에 있는 두 개의 통로는 알루미늄 타공 패널에 새겨진 단 순한 꽃잎 패턴의 모양과 빛으로 감싸서 목적지로 향하는 보행자에게 자연스럽게 스며드는 공간을 제공한다. 각 통로는 같은 건축 재료를 이용하지만 서로 다른 공간을 연출한다. 일자형 통로는 전체가 같은 폭과 분위기를 가진다. 포털 건너편에 건물의 입구를 바라보면서 경사로를 따라가게 되어 상대적으로 빠르게 지나가게 되는데, 나갈 때는 반대로 약간 느린 시간을 지나게 된다. 꽃빛은 이러한 시공간의 차이를 명확하게 한다. ㄱ자형 통로는 양쪽의 공간에서 다른 쪽이 보이지 않고 폭도 바뀐다. 꺾인 부분에서는 바닥의 단차도 있어 완전히 독립된 꽃빛이라는 공간 속에 있게 된다. 끝이 보이지 않고 오롯이 현상학적 빛과 꽃잎의 공간을 경험하도록 하였다. 두 개의 통로는 마치 팔과 다리처럼, 오른쪽과 왼쪽처럼 같지만 다르다. 통로가 두 개인 것이 신의 한 수다. 하나만 있었다면 꽃빛의 경험치는 지금보다 훨씬 떨어졌을 것이다. 지하철역 출입구 때문에 양쪽에 만들어졌겠지만 서로 유사하지만 다른 두 개의 통로가 각자의 분위기를 만들어 내기까지 건축가의 섬세한 노력이 숨어있음을 알 수 있다.

꽃빛 패턴과 그라데이션

지하철역과 연결된 통로의 벽과 천장에 있는 금속판과 빛의 꽃문양 패턴들은 천정의 중앙부는 문양이 없고 천장과 벽이 만나는 부분에 많이 설치되어 빛의 무리를 만들어 빛이 한쪽에서 시작해서 천정의 가운데와 벽의 아래로 움직이는 느낌을 주게 된다. 꽃빛의 패턴을 이용하여 사람의 움직임에 따라 마치 꽃잎이 흩날리는 듯한 느낌을 만들어 낸다. 벚꽃이 흩날리는 시절 봄날의 설렘은 한국에서 4월에 단 2주 만 볼 수 있는 자연의 모습을 이곳 꽃빛에서는 365일 24시간 지속한다. 가끔 마음이 뒤숭숭하고 뭔가 잘 안 풀릴 때 또는 기분전환 하고 싶을 때 이곳에 와서 마음 설렘을 얻을 수 있을 것이다. 이왕이면 얇은 책 하나 끼고 와서 아모레 퍼시픽 본사 로비에서 머물러 보자. 즐거운 도심 속 힐링의 시간이 될 것이다.

꽃빛 통로

꽃빛 통로를 걷는 사람들

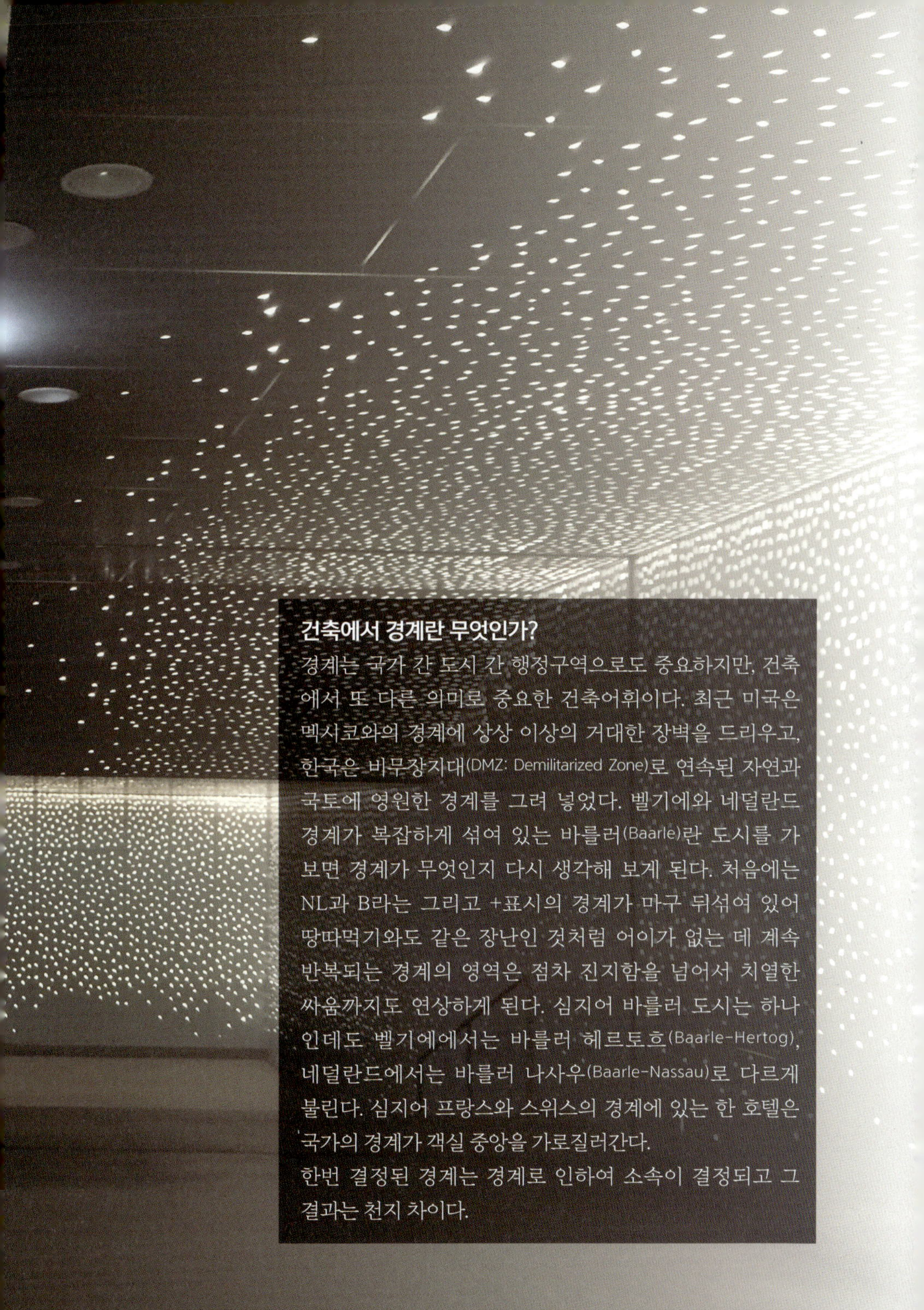

건축에서 경계란 무엇인가?

경계는 국가 간 도시 간 행정구역으로도 중요하지만, 건축에서 또 다른 의미로 중요한 건축어휘이다. 최근 미국은 멕시코와의 경계에 상상 이상의 거대한 장벽을 드리우고, 한국은 비무장지대(DMZ: Demilitarized Zone)로 연속된 자연과 국토에 영원한 경계를 그려 넣었다. 벨기에와 네덜란드 경계가 복잡하게 섞여 있는 바를러(Baarle)란 도시를 가보면 경계가 무엇인지 다시 생각해 보게 된다. 처음에는 NL과 B라는 그리고 +표시의 경계가 마구 뒤섞여 있어 땅따먹기와도 같은 장난인 것처럼 어이가 없는 데 계속 반복되는 경계의 영역은 점차 진지함을 넘어서 치열한 싸움까지도 연상하게 된다. 심지어 바를러 도시는 하나인데도 벨기에에서는 바를러 헤르토흐(Baarle-Hertog), 네덜란드에서는 바를러 나사우(Baarle-Nassau)로 다르게 불린다. 심지어 프랑스와 스위스의 경계에 있는 한 호텔은 국가의 경계가 객실 중앙을 가로질러간다.

한번 결정된 경계는 경계로 인하여 소속이 결정되고 그 결과는 천지 차이다.

꽃빛의 분위기

3차원적 공간의 경계라는 관점에서는 지상의 지리적 경계가 제일 중요하지만, 현대건축과 도시에서는 수직적 경계도 필요하고 설계와 계획단계에서 꼭 고려해야 한다. 기존의 건축은 명확한 사회적 공간적 경계를 이용하여 공공공간과 개인 공간이라는 합리성을 만들었지만, 현대건축은 그에 따른 문제점을 해결하고자 건축의 경계를 도시로 확장하고 조정하여 경계에 따른 영역의 긴장감을 완화하고자 한다. 예전의 건축은 땅 위의 건축이었다. 지상에 어떤 형태로 어떤 공간을 구축하느냐가 관심이었다면 이제는 땅속 눈에 보이지 않는 공간이 더 중요하게 고려된다.

꽃빛은 지상에서는 전혀 보이지 않는 지하의 건축이다. 그런데 그 역할은 어떤 지상의 건축보다도 중요하다. 현대건축의 영역이어서 가능한 꽃빛은 예전 같으면 아예 생각도 못 했을 것이니 시대를 잘 타고난 것일 수도 있다. 꽃빛은 현상학적인 지각을 이용한 경계의 새로운 발견이며 이 공간은 도시 공공영역의 경계와 사적인 공간의 경계 사이에서 윤활유의 역할을 제대로 하는듯하다.

아모레 퍼시픽 본사 보이드와 석양

꽃빛은 통로다. 통로는 서로 다른 곳을 연결해 주는 역할이다. 역할을 제대로 하려면 비워야한다. 결국 공간을 비우고 연결해야하니 공간을 관통해야 한다. 이렇게 비우고 통하는 공간을 시각화하는 꽃빛은 꽃빛 위의 아모레 퍼시픽 본사 중앙의 비워진 보이드와도 연동된다.

외부에서는 보이지 않은 곳에서 사람들의 꽃길을 만들어주는 꽃빛은 중앙의 거대한 비움을 가지고 도시 한복판에 당당하게 서있는 건축물과 같은 진리를 함유하고 있는 것이다. 해질녘 신용산역 주변을 걷다보면 거대한 보이드 속에 걸린 석양을 볼 수 있다. 자연이 인공의 보이드 안에서 빛을 뿜어내는 풍경은 도시와 자연의 조합이라는 거대한 장면을 만들어낸다. 그리고 지하철역으로 들어가면 은하수 물결이 우리를 반긴다. 밤과 낮과 태양과 별이 한 공간에 공존한다. 이것이야말로 환상의 갤럭시라 할만하다. 구조주의 건축의 위상학과 건축현상학이 만나 최첨단의 현대건축이 완성된다.

신용산역 주변의 오래된 건축의 켜와 최신 현대건축의 공존은 낯설음이라는 또 다른 이야깃거리를 제공한다.

건축설계자료

꽃빛 건축설계자료는
에스티피엠제이 건축(stpmj) 홈페이지에서 자세히 알 수 있다.

*http://www.stpmj.com/work/#/
amorepacific-kkotbit-public-passage/*

흩어지는 연기처럼 퍼져나가는 건축 _ 파라메트릭 디자인(Parametric Design)

최첨단 현대건축의 자태

03 M Street 한남

우준승
레스 건축(LESS Architects)

스트리트 몰과 아케이드 프로젝트

유럽의 아케이드(Arcade) 같은 전통의 명동거리와 청담동 명품거리로 대표되는 한국의 가로형 상가인 스트리트 몰 (Street Mall)은 가로수길, 세로수길, 샤로수길, 경리단길처럼 유행을 타고 서울의 많은 지역에서 태어나고 사라진다.

최근 이런 스트리트 몰이 서울시 용산구 한남동에서 한국만의 분위기와 글로벌한 세계 정서를 반영하면서 활짝 피어나고 있다. 명동거리가 기존의 한국 상품과 한국식 쇼룸의 형태로 중국과 일본 등 외국인을 위한 거리이고 청담동은 해외 명품을 해외 유명 건축가가 브랜드 정체성을 강화해 한국 소비자의 발길을 끌어들이는 곳이라면 한남동은 그 두 가지가 적절히 절묘하게 섞여 있는 곳이다. 원래 외국인이 많은 곳이고 이국적인 분위기를 찾아오는 한국인들과 외국인이 뒤섞여 있는 곳에 2010년 이후 새로운 분위기의 현대건축과 문화의 공간이 만들어지면서 많은 사람이 찾게 되었다.

해외 브랜드 중 감각적이고 세련된 트렌드의 디자이너 브랜드와 편집숍, 갤러리와 공연장과 같은 문화시설, 오래되었지만 레트로의 감성이 묻어나는 뒷골목, 간결하고 새로운 현대건축 디자인이 합쳐져서 그 어떤 거리보다도 아주 멋진 장소가 되었다.

최근 한남동 이태원 거리의 중심지역에 규모가 크지 않지만, 현대건축의 최신 디자인 경향을 보여주는 건축물이 들어섰다. 정면을 보면 유리와 금속 프레임으로 구성된 단순한 사각형이 반복되면서 상하좌우로 퍼져나가는 듯한 단위유닛들이 모여서 하나의 건축물을 이루게 된 것을 알 수 있다.

이런 입면은 외부의 노출된 계단과 연동되어 더욱더 자연스러운 형태와 상승의 연속성으로 확장된다. 이태원 도로변의 멋진 건축은 외피의 단위유닛이 수직 동선과 만나, 만치 연기가 하늘로 피어 올라가면서 사라지는 상태로 완성된다. 한눈에 봐도 주변의 건축물과는 다르다.

이 건축물은 기존의 커다란 하나의 매스를 나누어 공간구성을 하고 프로그램을 넣는 설계방식이나 필요한 공간이나 유사한 프로그램을 모아 조닝(Zoning)을 만들고 적절한 동선을 넣어 새로운 형태로 만들어 내는 방식이 아닌 하나의 단위유닛을 결정하고 유닛을 반복하여 공간으로 확장하고 최종의 매스 형태로 완성한다. 거리를 지나가다 보면 형태가 유별난 것도 아니고 분위기가 새로운 것도 아닌데 눈에 띈다. 가장 최신의 현대건축 설계 어휘와 경향을 이용하여 디자인했으니 주변의 건축과 다를 수밖에 없고 그 결과 당연히 눈에 띌 수밖에 없다.

M Street 한남 전경

M Street 한남 남동쪽 전경

파라메트릭 디자인의 대표 사례 M Street 한남

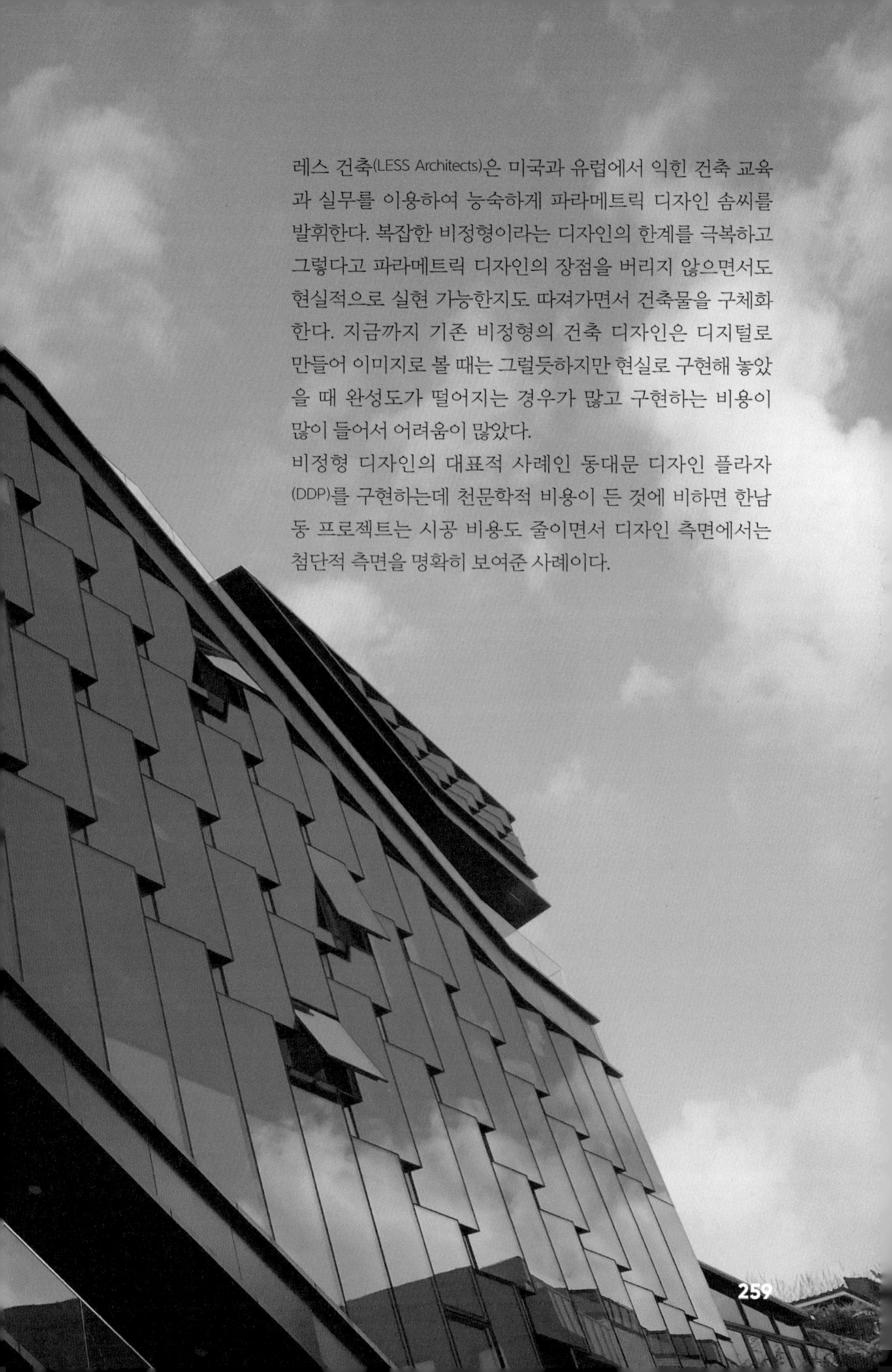

레스 건축(LESS Architects)은 미국과 유럽에서 익힌 건축 교육과 실무를 이용하여 능숙하게 파라메트릭 디자인 솜씨를 발휘한다. 복잡한 비정형이라는 디자인의 한계를 극복하고 그렇다고 파라메트릭 디자인의 장점을 버리지 않으면서도 현실적으로 실현 가능한지도 따져가면서 건축물을 구체화 한다. 지금까지 기존 비정형의 건축 디자인은 디지털로 만들어 이미지로 볼 때는 그럴듯하지만 현실로 구현해 놓았을 때 완성도가 떨어지는 경우가 많고 구현하는 비용이 많이 들어서 어려움이 많았다.

비정형 디자인의 대표적 사례인 동대문 디자인 플라자(DDP)를 구현하는데 천문학적 비용이 든 것에 비하면 한남동 프로젝트는 시공 비용도 줄이면서 디자인 측면에서는 첨단적 측면을 명확히 보여준 사례이다.

구조주의와 현대건축의 한계

파라메트릭 건축을 이해하려면 재미없고 복잡하지만, 현대건축의 시작부터 지금까지의 과정을 대강이라도 살펴보아야 한다. 르 코르뷔지에(Le Corbusier)와 미스 반 데어 로에(Mies van der Rohe)의 건축과 같은 이성적이고 합리적인 그리고 자기 완결적인 백색의 근대건축은 합리화와 표준화로 인한 문제점을 드러냈고 그에 대한 반발과 보완으로 정반대의 포스트 모던 건축 경향이 나타났다.

렘 콜하스로 대표되는 현대건축의 경향은 인간 존재와 주체보다는 사회와 도시의 하부구조와 각 요소 간의 관계, 상대적인 관계와 네트워크 등 기존의 건축과는 상당히 다른 관점에서 접근하였고 진보적인 공간과 건축을 선보였다.

그러나 이러한 급진적 현대건축의 한계가 나타나는 것도 그리 오래 걸리지 않았다. 현대건축은 새로운 공간의 유형과 도시의 관계에 집중하다 보니 그 결과 기존과는 다른 새로운 형태와 유형을 찾기에 빠져들었다. 시대적 흐름이 자유로운 분위기와 컴퓨터의 발달로 지금까지 사람의 손과 머리에서 나온 건축 디자인의 한계를 컴퓨터의 도움을 받아 전혀 새로운 형태의 도출이 가능하게 되었다.

파라메트릭 디자인 입면 변화

파라메트릭 디자인 입면

"현대건축은 새로운 공간의 유형과
도시의 관계에 집중하다 보니
그 결과 기존과는 다른
새로운 형태와 유형을 찾기에 빠져들었다."

근대건축과 차별화하기 위한 현대건축의 형태 찾기(Form Finding)는 새로운 시대적 환경에서 시작되었고 2000년 초반 건축가들과 건축학도들은 모두 형태 찾기 과정에 몰두하게 되었다. 그러나 결과는 건축에서 형태적 새로운 유형을 발견했을지 몰라도 그에 따른 공간의 구성, 프로그램, 기능적 요구사항의 반영 등 여러 가지 문제가 발생하였다. 특히 컴퓨터의 도움을 받아 발전하게 된 파라메트릭 디자인은 일약 건축설계 방법론의 해결사가 된 것처럼 총애를 받다가 실제 결과를 열어보니 요란한 빈 수레라고 낙인찍히면서 사그라지게 되었다. 이러한 과정에서 나타난 문제점을 보완하면서 주체와 경험을 중시하는 건축 현상학의 부활과 더불어 파라메트릭 디자인을 복잡계 건축의 개념을 빌어 보완하게 된다.

그 결과 자연의 생성 원리와 카오스모스(Chaosmos)라는 새로운 평형의 관점에서 건축 디자인이 진화하게 된다. 진화의 핵심은 자연은 작은 요소가 반복되면서 발생하고 성장하면서 부분에서 전체를 이루고 양적 변화가 질적 변화를 일으킨다는 것이다. 최신의 현대건축은 건축 요소를 단위유닛화하고 단위유닛을 반복하고 변화하면서 3차원의 형태로 확장하면서 형태를 완성한다.

내부공간에서 본 입면 디자인

파라메트릭 건축과 한남동 주변 환경

다시 이태원의 건축물로 돌아와서 조금 더 구체적으로 살펴보자. 지극히 단순한 육면체의 형태는 사각형의 유닛들이 조합된 결과이다. 철 프레임과 유리로 만든 2차원의 단위유닛은 그 자체로는 무언가를 하기 어려워 보인다. 단순히 건물의 입면의 일부가 될 뿐이다. 그런데 이 단위유닛 여러 개가 만나서 점차 확장하게 되면 어떤 건축물도 만들 수 있다. 그리고 상하좌우로 커지면서 3차원의 형태를 이루게 된다. 한남동 프로젝트에서 건축물의 구체적인 형태를 만드는데 중요한 방향을 제시하는 것이 외부로 나 있는 수직 계단이다. 육면체의 건물의 외부를 빙 돌아 있는 계단의 방향에 맞춰 사각형 단위유닛의 외피가 달라붙고 마치 지상에서 올라가는 듯한 방향성을 가지고 땅에서 일어나 하늘로 기지개를 켜는 듯하다. 이것이 단위유닛의 힘이고 복잡계 건축의 디자인 원리이다. 같은 디자인 원리를 사용한다고 다 같은 수준의 건축물이 나오는 것은 아니다. 기존의 파라메트릭 디자인이 건물의 외피와 입면에 치중했다면 이 건축물은 파라메트릭 단위유닛을 공간과 동선과 연동시켜 전체적인 건물로 확장하고 형태의 완성도를 높였다. 형태 찾기에 한계를 드러낸 파라메트릭 디자인은 한동안 건축의 핵심과는 거리가 멀고 해도 그만 안 해도 그만인 마치 큰 지장 없는 꾸밈과 장식과도 같은 존재로 전락했었다. 그러나 이 프로젝트에서는 파라메트릭 디자인이 아니면 안 되는 주인공으로 등장한다. 즉 파라메트릭 디자인은 입면뿐만 아니라 외피, 공간구성, 동선,

재료, 분위기까지 모두 책임지는 수준으로 올라왔다.

이태원의 작은 건축을 보면서 말러(Mahler)의 교향곡이 떠오르는 것은 아마도 건축설계가 음악 작곡과 비슷하다는 느낌 때문이다. 작곡의 과정은 모티브로서 주제가 있고 주제를 다양하게 변주하면서 하모니가 만들어지고 흐름이 계속 변화하면서 쌓이고 그 모든 것이 합쳐져서 하나의 음악이 완성된다. 말러의 교향곡 1번 D장조 거인(The Titan)4)은 작곡가의 다른 교향곡에 비해 수월하다는 평가로 말러 입문에 추천된다. 교향곡 1번부터 차례대로 듣기 시작해 몇 년에 걸쳐 9곡 전곡에 익숙해지고 나니 2번 교향곡의 1악장, 6번 교향곡 등 개인적으로 선호하는 부분도 생긴다. 그런데 돌고 돌아 1번 교향곡이 다시 좋아진다. 보헤미안 풍의 음악이 동양적 정서와 잘 맞는듯하고 음악이 펼쳐나가는 것이 마치 건축 설계하는 듯한 착각이 들 정도라고 나름대로 이유를 찾아본다. 그와 함께 파라메트릭 디자인이 정적이고 커다란 매스로 남아있는 것이 아니라 작지만 지속적으로 생성되는 자연의 활동성이 주요 특징이기에 작은 소리의 음에서 시작해 지속적으로 반복 변화되고 마지막에는 커다란 하모니의 산을 만들어 내는 말러의 교향곡 1번과 매우 유사하게 느껴지는 듯하다.

4) Symphony No.1 (Mahler)
https://ko.wikipedia.org/wiki/%EA%B5%90%ED%96%A5%EA%B3%A1_1%EB%B2%88_(%EB%A7%90%EB%9F%AC)

M Street 한남 외부동선

파라메트릭 디자인(Parametric Design)과 내일의 건축

이제 우리 주변의 현대건축이 어떤지 돌아볼 시간이다.
한국의 현대건축은 전통건축의 맥은 끊긴 상태에서 서양의 건축이 이식되어 우후죽순 만들어졌다.
일본은 일찍 서양에 개방되어 서로의 문화적 교류가 활발해서 일본 건축가들은 직접 파리에서 근대건축을 배우고 토론하면서 받아들였다. 이후 일본 건축가들은 일찌감치 일본성에 대한 고민과 근대건축에서 현대건축으로의 전환을 메타볼리즘(Metabolism)이라는 사조로 대응했다. 그런 일본의 건축에 비해 한국에서는 대부분 소위 메이지 효과에 따라 주로 일본을 거친 일본화된 근대건축이 만들어졌고 일부 한국 건축가에 의해서 소수의 서양 근대건축이 나타났다. 한국 현대건축의 초기 단계도 서양 근대건축의 토대가 빈약한 상태에서 비슷하게 진행되었다. 이후 한국의 현대건축은 서양 현대건축의 급변하는 사회와 연동되면서 더 커다란 물결로 한국에 전해져서 많은 혼란과 정체성 고민에 빠지게 되고 개발과 경제원리에 의한 부작용도 나타난다.
그러나 1980-90년대의 건축가들의 고민과 이후 많은 젊은 건축가들이 외국 유학을 통해 직접 서양의 현대건축을 배우고 한국으로 돌아와 한국의 건축문화 형성에 큰 역할을 하고 있다. 아직 서양의 현대건축을 따라잡기도 어렵고 한국의 상황에 맞는 현대건축도 정립되지는 못한 상태지만, 최근 10여 년 사이에 우리 주변의 건축은 하루가 다르게 변하고 있다. 중요한 것은 일본이나 서양의 건축을 모방하는 것이 아니라 우리만의 현대건축을 보여주려고 한다는 사실이다.

최근 한국의 현대건축은 다양한 현대건축의 경향 중 하나의 유형처럼 명확하게 만들어진 것도 아니고 전 세계 각 지역에 따라 다 다르기에 구체화하기는 어렵지만 다가올 미래의 건축 즉 내일의 건축을 손가락으로 가리킬 수는 있어 보인다.

최근 현대건축은 미술 분야와 같이 작가주의의 스타 건축가 시스템에서 다수의 공동 작업으로 변하고 있다. 이름을 알리기 위한 건축보다는 건축과 공간의 원리를 고민하고 그 원리를 적용해서 새로운 건축을 설계하고 그 공간에 머무는 사람을 즐겁게 하는 건축. 그 건축은 다양한 건축 디자인으로 실현될 수 있을 것이지만 현재 서양 건축의 패러다임을 살펴본다면 우리가 관심을 가져야 할 내일의 건축은 아마도 대략 머릿속으로 떠오르지 않을까 싶다.

우리 가까이에 이런 최신의 현대건축이 많이 나타나기를 기원하면서 그리고 내 머릿속 건축 디자인의 현실화를 위해 오늘도 즐거운 밤샘을 자청해 본다.

건축설계자료

M Street 한남 건축설계자료는
레스 건축:LESS Archiects 홈페이지에서 자세히 알 수 있다.
Muhak F&B, Itaewon— LESS Architects
https://www.lessarc.com/work/itaewon

비어있으나 꽉 찬 공간 _ 보이드(Void)

명불허전(名不虛傳) 렘 콜하스(Rem Koolhaas)

04

서울대학교 미술관

렘 콜하스
(Rem Koolhaas,
OMA: Office for Metropolitan Architecture)

렘 콜하스와 위상기하학 건축

많은 사람에게 서울대학교는 정문의 강렬한 기호로 기억되지만, 아쉽게도 외국의 대학교처럼 건축문화를 선도하는 실험적이거나 시대를 대표하는 건축은 많지 않다.
그러한 아쉬움을 말끔하게 씻어줄 그리고 눈여겨볼 만한 독특한 미술관이 서울대학교 관악캠퍼스 정문 바로 옆에 있다. 캠퍼스 경계의 경사진 땅에 반투명한 직육면체가 살짝 걸터앉은 듯한 모양새의 건축물인데 현대건축의 대표 건축가인 네덜란드 출신 렘 콜하스(Rem Koolhaas, OMA: Office for Metropolitan Architecture)의 서울대학교 미술관이다.
이 미술관은 공간의 관통, 외부와 내부의 빈 공간인 보이드(Void), 노출된 철골 구조체 프레임과 캔틸레버, 투명성의 공간과 건축 재료, 동선을 이용한 내부공간의 유기적 연결성 등 새롭고 혁신적인 현대건축의 종합판이다.

렘 콜하스가 러시아 구성주의에 큰 영향을 받은 시기의 건축적 특성인 단일 매스의 극적인 형태로 인해 언뜻 보면 매우 부담스러운데 건축가는 내, 외부 공간에 다양한 위상기하학을 이용하여 건축의 공간과 구조를 명쾌하게 풀어나간다.

서울대학교 미술관의 매스와 배치

서울대학교 미술관의 외부형태

서울대학교 정문에 있는 국립 서울대학교 각 단어의 자음 ㄱ, ㅅ, ㄷ 조합인 샤 마크와 버금가는 미술관의 형태와 매스의 강렬함이 눈에 띈다. 서울대학교 미술관이 자리 잡은 곳은 서울대학교 정문 바로 옆이다. 서울대학교 관악캠퍼스는 워낙 넓어서 걸어 다니기는 부담스럽다. 아마도 미술관이 캠퍼스 내 깊숙이 있다면 일반인이 방문하기는 쉽지 않았을 것이다. 물론 설계 당시 캠퍼스 내 미술관이 들어갈 여유 공간이 있지도 않았겠지만, 그 덕에 정문과 가깝게 위치해서 외부로부터의 접근성이 좋다.

미술관의 주 출입구는 캠퍼스 내부 순환도로에서 접근하게 되어 있지만, 캠퍼스 외부에서 바로 연결되는 통로가 별도로 있다. 그리고 대지의 단 차가 꽤 있는데 이 차이를 이용하여 아랫부분과 윗부분을 연결하는 권총 모양의 매스를 배치하고 매스의 옆을 관통하는 보행 통로를 만들었다. 통로를 이용해 올라가면 미술관 앞쪽의 빈 공간을 마주하게 되고 그곳에 엄청난 규모의 캔틸레버 구조를 이용하여 마치 지상에서 떠 있는 듯한 미술관이 머리 위에 놓인다. 그리고 미술관 입구에 서면 관악캠퍼스의 넓은 운동장을 넘어 학교의 풍경과 관악산의 전망이 한눈에 드러난다. 파노라마와 같은 풍경을 보고 돌아서서 미술관으로 들어가면 외부에서 전혀 인지할 수 없는 내부 중앙에 커다란 또 하나의 보이드를 대하게 된다.

다르지만 같은 보이드, 현대건축과 한옥 마당

언뜻 보기에 현대건축인 서울대학교 미술관과 한국전통건축인 한옥은 완전히 다른 건축물처럼 보인다. 형태, 외피, 건축 재료, 구조, 그리고 공간구성도 다르다. 그러나 내부에 들어가면 뭔가 서로 비슷하다는 것을 느낄 수 있다. 두 건축의 유사함은 아마도 비워진 공간인 외부 마당과 내부 아트리움에서 나온듯하다.

1. 미술관 앞마당과 캠퍼스 전경 2. 미술관 하부 보이드와 경사로 3. 미술관 하부 보이드

물론 조목조목 엄밀하게 따지면 서양의 보이드 공간과 한국의 마당은 다르다. 미술관 내, 외부의 중정과 한옥 외부의 마당은 태생부터 다르지만, 역할은 유사하다. 빈 공간의 잠재적 가능성의 역할 말이다.

전통건축인 한옥의 대표적 공간은 마당이다. 보통 사랑채와 연결된 바깥마당, 안채와 연결된 안마당을 가진다. 자연 속 넓은 대지의 한옥뿐만 아니라 서울 구도심의 근대 도시 한옥의 경우에도 한옥 중앙 부분에 마당이 있다. 마당 깊은 집이란 얼마나 매력적인가? 편리하고 재산 가치가 높은 강남의 공동주택에 사는 사람도 자기 집 마당은 없으니 아주 작더라도 마당 있는 집에 살고 싶어 한다. 마당이 도대체 무엇이기에 많은 사람이 선호할까? 마당은 비어있는 땅에 그치지 않는다. 마당은 비어있음 그 이상이다. 사람들은 도시나 농촌의 건물에 집착하지 빈 땅에 관심을 가지지 않는다. 땅 자체도 중요하지만 빈 공간은 무슨 역할을 하고 어떤 의미가 있는가에 따라 그 가치가 결정된다. 그릇의 핵심은 음식을 담기 위한 공간이듯이 달을 그릴 때 가운데 노란색 유화물감으로 동그랗게 그리기보다 달 주변의 달무리를 연하게 그려내는 우리네 정서가 건축에서 마당과 같은 빈 공간을 채워 넣는 것과 비슷하지 않을까?

미술관 매스의 하부 공간

비움과 채움의 역설은 논리적으로 설명하자면 복잡하고 장황하지만, 실제 마당을 경험해 보면 누구나 고개를 끄덕이며 이해하게 된다. 한옥의 마당은 비어있어서 꽉 찬 공간이 된다. 비어있어서 언제 누구나 어떤 일에도 사용할 수 있다.
다목적의 공간이란 특정한 기능이나 역할이 정해진 것이 아니라 멀티 플레이어가 된다는 것이다. 레오나르도 다빈치와 같은 종합적 융합적 인간이 요청되는 현대사회와 어울리는 공간이다. 한동안 서양의 사고에 맞춰 종합적 지식보다는 전문적 지식과 지식인이 주목받던 시절의 건축과 공간을 보면 빈틈없이 이성적이고 합리적인 원리로 자로 잰 듯 명확하게 나누고 구체적인 공간구성이 나타난다. 그러나 전문화가 심화할수록 지식이 깊이는 깊어지지만, 주변 지식과는 단절되고 어떤 사건이 발생했을 때 전문가 수십 명이 모여 장시간 토론해도 서로를 이해 못 하고 적절한 결론에 도달하지도 못하는 경우가 발생한다. 우리가 살고 일하는 공간도 이와 비슷하다. 현대도시는 일의 효율성에 따라 나누고 배치하고 동선을 계산하여 자동차 생산하는 포디즘(Fordism)의 컨베이어 시스템(Conveyor System)처럼 작동하는 공간이 지배적이다. 이런 공간

미술관 옆 부분을 관통하는 외부 동선

일수록 숨을 쉴 수 있는 공간이 필요하다. 한옥 마당은 건축의 중심에서 모든 공간을 지휘하고 정리하고 감싸고 품는다.

서울은 효율의 도시다. 경제적, 공간적 기준으로 평가한다. 서울의 모든 공간은 꽉 차 있다. 강남은 말할 것도 없고 그나마 조금 여유 있다고 하는 강북도 만만치 않다. 한옥은 마당과 여백이 미덕인데 심지어 서울의 대표 한옥마을인 북촌도 서촌도 또 다른 안암골과 청량리도 도시 한옥이라는 새로운 유형의 타이틀이 붙을 정도로 옆집과 완전히 붙어 있는 새로운 유형의 한옥으로 가득 차 있다. 한옥 골목에 들어가면 숨이 다 막히고 길을 잃어버릴 정도다. 그러니 주변을 돌아볼 여유가 없다. 사람이 여러 가지 여유가 있어야 사는 것이 즐겁고 흥이 나고 일도 잘한다.

여유와 비움을 한껏 품고 있는 최백호의 노래 '부산에 가면'은 모든 것으로 가득 찬 서울과는 왠지 안 어울린다. 부산에 가서 이 음악을 들으면 어떨까? 오래되고 빛바랜 그리고 텅 비어있는 부산 기장의 겨울 바닷가에 서서 빈 마음을 어루만져 주는 이 노래를 듣고 싶다. 그때 나는 서울대학교 미술관의 보이드가 떠오를까?

미술관 주출입구쪽 외부 보이드 01

미술관 주출입구쪽 외부 보이드 02

보이드(Void)와 공간의 유기적 연결

현대건축의 특징인 구조주의와 위상학적 연산은 다양한 유형이 있다. 그중 대표적인 유형인 다른 공간의 관계를 연결하는 관통은 수학 분야 중 위상학을 바탕으로 물체의 형태가 아니라 3차원의 공간 속에서 서로 연결하는 방법에 따라 서로 같은지 다른지를 판단한다. 그래서 구(Sphere)와 도넛(Donut)과 브레젤(Pretzel)은 각각 가운데 공간을 관통하면서 서로 다른 관계를 만들어 낸다. 관통과 유사하지만, 또 다른 유형은 빈 공간인 보이드이다. 빈 공간의 역할과 기능도 무궁무진하지만, 가장 중요한 것은 빈 공간의 존재 자체이다. 어렸을 적 숫자판의 숫자를 움직여서 순서대로 만드는 장난감을 가지고 놀아보았을 것이다. 다들 짧은 시간에 숫자의 순서를 맞추느라 여념이 없었을 테지만 정작 그 장난감에서 숫자판을 움직일 수 있게 만드는 진짜 중요한 것은 아무런 숫자도 없이 한쪽 구석에 있는 텅빈 곳이자 자리 그 자체이다. 우리말에 든 자리는 몰라도 난 자리는 안다는 말도 아마 이런 의미가 아닐까 싶다. 비워지면 허전하고 그 허전함은 직접 피부에 와 닿는다.
무언가를 잃어버린다는 상실감은 새롭게 얻는 기쁨보다 더 큰 법이다.

미술관 주출입구 상부 캔틸레버

서울대 미술관의 외부공간은 주출입구 쪽 앞마당이 넓다. 하지만 앞마당 같은 느낌이 별로 없다. 주변이 워낙 넓고 트여 있어서 영역성이 잘 인지되지 않는 탓이다. 학교 순환도로 쪽에서 보면 미술관이 도로에서 멀찌감치 떨어져 배치되어 앞마당의 여유와 함께 외부의 거대한 빈 공간은 미술관 내부로 들어가는 주출입구까지 유도하는 방향, 야외 조각을 전시 공간, 관람자의 휴식 공간 등 다양하고 그에 따른 여러 가지 역할을 한다. 미술관 앞마당에 선 방문객은 미술관의 전체가 다 드러나지 않아 규모를 잘 인지하지 못하는데 점차 미술관 입구로 다가가면 미술관 매스가 공중에 떠있는 캔틸레버이고 그 밑으로 지나서 입구에 다다르면 그제야 거대한 처마와도 같은 미술관 매스를 느끼게 된다. 즉 앞마당과 같이 비어진 공간을 가로지르면서 보이드의 거대함에 이어서 건축물 매스의 압도적인 크기를 연속해서 느끼게 된다. 단순한 매스 속에

미술관 내부 중앙 보이드와 폴리카보네이트 내벽

흰색의 철골구조가 반복된 트러스 구조와 반투명한 유글래스가 현대건축임을 드러낸다. 또한, 미술관으로 들어가면 입구를 거치면서 조금씩 보이는 밖에서는 상상하지 못하는 중앙의 거대한 빈 공간인 중정 보이드가 나타난다. 안내를 통과해서 왼쪽으로 돌아가면 나타나는 거대한 중앙계단과 반투명한 폴리카보네이트(Polycarbonate: PC) 벽체 마감의 독특한 질감으로 인하여 빈 공간은 마치 가볍게 붕 떠 있는 듯 느껴진다. 가벼움과 투명함이 중앙의 비워진 보이드와 만나 극대화된다. 예상하지 못한 낯설음을 안고 현대건축의 산업재료가 만드는 특이한 분위기를 따라 본격적으로 계단을 오르면 괜히 조심스러워지기도 하고 중간 중간 놓여있는 미술 작품도 감상해야 하니 살짝 부담스럽기도 하다. 계단을 돌고 돌아 다다르는 전시공간의 꼭대기에서 바라보는 보이드는 충분히 시간을 두고 감상할 만하다.

그냥 빈 공간인데 무언가로 꽉 차 있는 것처럼 느껴진다. 소위 잠재성으로 가득 찬 공간이다. 이곳은 그 어떤 전시작품보다도 비어있는 중앙의 공간이 하나의 작품으로 다가온다. 상부가 외부에 직접 열려 있지 않고 대신 빛이 들어오는 천창이 있어 조금 아쉬움도 남지만, 기능적으로 미술관의 내부공간이며 전시공간으로 사용되니 지붕 없이 외부의 보이드로 만들기에는 무리가 있었을 것이다.

미술관 내부 중앙 계단

미술관 내부 중앙 계단 전시공간

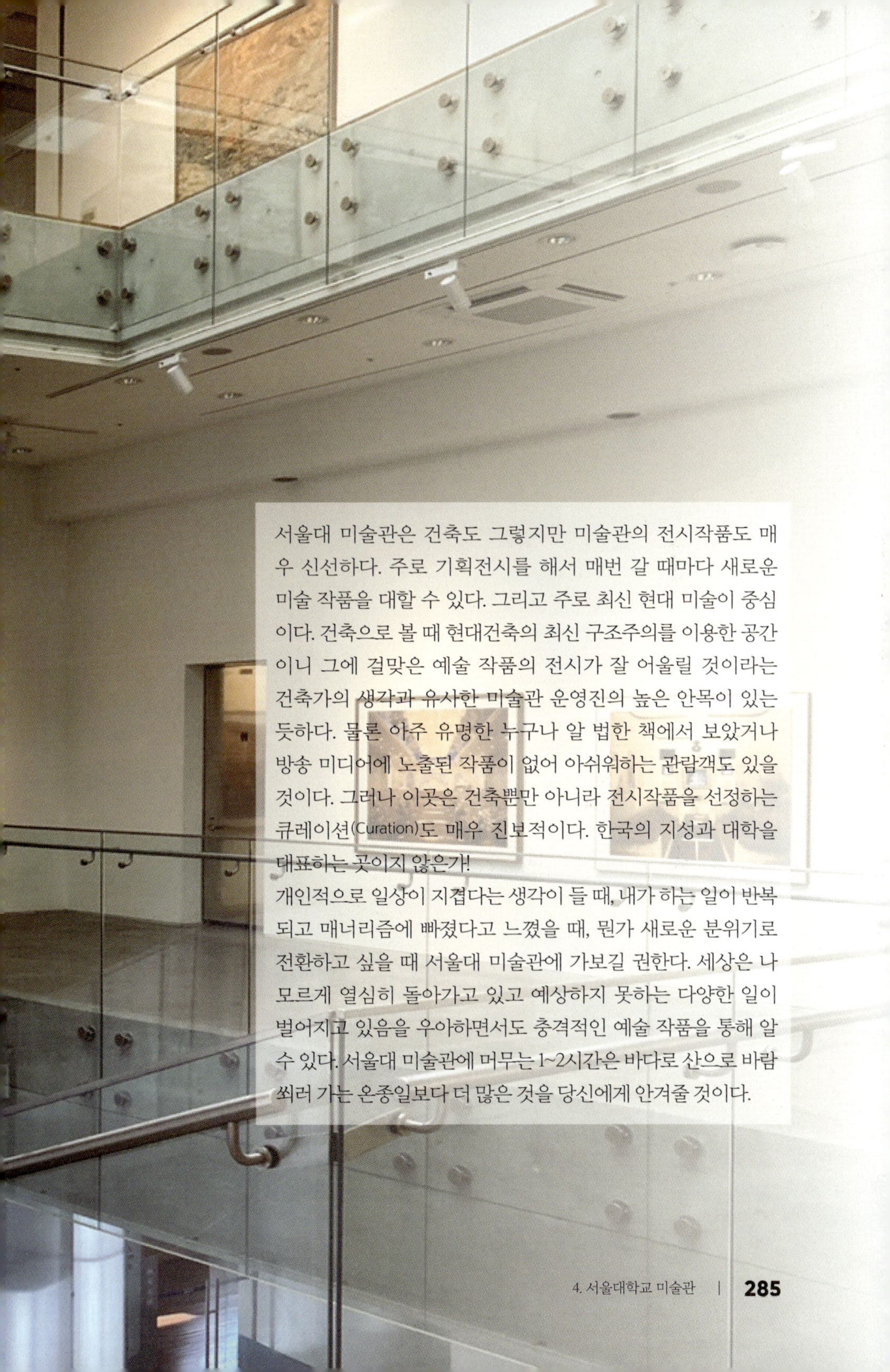

서울대 미술관은 건축도 그렇지만 미술관의 전시작품도 매우 신선하다. 주로 기획전시를 해서 매번 갈 때마다 새로운 미술 작품을 대할 수 있다. 그리고 주로 최신 현대 미술이 중심이다. 건축으로 볼 때 현대건축의 최신 구조주의를 이용한 공간이니 그에 걸맞은 예술 작품의 전시가 잘 어울릴 것이라는 건축가의 생각과 유사한 미술관 운영진의 높은 안목이 있는 듯하다. 물론 아주 유명한 누구나 알 법한 책에서 보았거나 방송 미디어에 노출된 작품이 없어 아쉬워하는 관람객도 있을 것이다. 그러나 이곳은 건축뿐만 아니라 전시작품을 선정하는 큐레이션(Curation)도 매우 진보적이다. 한국의 지성과 대학을 대표하는 곳이지 않은가!

개인적으로 일상이 지겹다는 생각이 들 때, 내가 하는 일이 반복되고 매너리즘에 빠졌다고 느꼈을 때, 뭔가 새로운 분위기로 전환하고 싶을 때 서울대 미술관에 가보길 권한다. 세상은 나 모르게 열심히 돌아가고 있고 예상하지 못하는 다양한 일이 벌어지고 있음을 우아하면서도 충격적인 예술 작품을 통해 알 수 있다. 서울대 미술관에 머무는 1~2시간은 바다로 산으로 바람 쐬러 가는 온종일보다 더 많은 것을 당신에게 안겨줄 것이다.

계단식 소강당 내부공간

미술관 내부 하부 보이드

미술관 내부공간에서 또 하나 매우 중요한 사실은 공간 구성의 측면에서 강당, 전시실 등 주요 공간들은 어디서나 당연히 있는 여닫이 출입문이라는 건축적 장치가 없다는 것이다. 대형 강당은 뒤쪽 출입구에 커튼을 이용하여 개폐를 조정하기는 했지만 소강당 같은 다른 곳은 아예 차단이라는 개념의 공간 구획 장치가 없다. 그로 인해서 미술관 전체 공간이 동선을 따라 끊어지지 않고 물 흐르듯 유기적으로 연결되어 사용자가 자연스럽게 다른 곳으로 이동할 수 있게 유도하고 있다. 특히 계단식 소강당인 렉쳐 홀(Lecture Hall) 경우는 단차가 나는 계단으로 전체를 구성하였는데 계단이 강의실 의자의 역할도 한다. 그리고 주요 동선인 경사로는 계단 가운데를 가로질러 위쪽과 아래의 출입구까지 하나로 연결한다. 보통 강의실이나 강당은 효율적 통제를 위해 중앙과 양쪽에 계단을 이용한 동선으로 구성한다.

이러한 동선은 강당의 내부공간을 양쪽으로 분리해서 강의에 집중하기 어려운 공간구성을 만들게 되는데 이곳은 그런 방해가 없다. 그리 크지 않지만 단차가 나는 공간으로 구성한 강의실 프로그램, 계단이라는 건축적 장치의 가구화, 상하부 출입구를 연결한 경사로 동선, 구조체의 노출 등 모든 건축적 고려 사항들이 자연스럽게 유기적으로 연결된 공간의 백미다.

마치 미술관의 주요한 유형처럼 된 내부 중정과 수직 이동 동선의 공간구성과 유사한 공간을 과천 현대 미술관과 리움 미술관 등 여러 곳에서 볼 수 있다. 이런 곳들은 건축의 형태나 외관은 서로 다르지만, 미술관 중앙에 보이드 공간이 있고 이를 중심으로 관람자는 계단과 동선을 통해 이동하며 주변의 백색 전시공간에서 미술 작품을 감상한다.

중앙에 빈 보이드와 동선으로 중심성을 확보하면서 자연감시를 이용하여 통제하는 공간을 형성한다, 중앙 보이드는 제레미 벤담(Jeremy Bentham)이 제안한 원형감옥 파놉티콘(Panopticon)을 현대판으로 재현하고 있다. 감시탑 대신 보이드라는 위상학과 연결하여 관람자 활동을 통제하는 미술관의 새로운 공간 유형을 만들었다.

결국, 미술관은 현대건축을 이용하여 미셸 푸코의 규율과 권력 개념을 실현했다고 볼 수 있다. 우리 시대의 건축가는 전시 공간으로 또 한 번 정치적인 시험대에 오른다.

전시공간은 겉보기와 달리 몹시 정치적이다.

“서울대 미술관에 머무는 1~2시간은
바다로 산으로 바람 쐬러 가는 온종일보다
더 많은 것을 당신에게 안겨줄 것이다.”

미술관 내부 상부 천장

건축설계자료

서울대학교 미술관 건축설계자료는
OMA 홈페이지에서 자세히 알 수 있다.

Seoul National University Museum Of Art
https://www.oma.com/projects/seoul-national-university-museum-of-art

아기자기한 도토리 키재기 _ 복잡계 건축과 단위유닛의 모음집

일상의 헤테로토피아 도서관

05

한내 지혜의 숲 도서관

운생동 건축사사무소

지식의 나무와 지혜의 숲

강북 중랑천 둔치는 서울의 도심과 조금 다른 풍경이 가지고 있다. 서울 시내를 흐르는 천들은 대부분 도심개발 시절에 복개 공사를 해서 물이 흐르는 것을 보기 어렵다. 청계천은 고가도로에서 원래의 천으로 탈바꿈했지만, 이제는 예전의 자연이 아니라 엄밀히 말하면 인공천이다. 한강으로 대표되는 대규모의 강과 물이 풍부한 서울도 이제는 도시 개발의 결과로 자연 그대로의 물이 흐르는 곳을 보기가 쉽지 않다.

그런데 서울의 중랑천은 다른 곳에 비해 그나마 크게 손을 대지 않은 편이다. 중랑천 풍경은 천에 물이 흐르고 옆으로 산책하고 간단하게 운동할 수 있는 공간 그리고 주변에는 고층의 공동주택이 있다. 특별하게 눈길을 끄는 도시풍경이 아니라 그런지 평소에 아주 한적하다.

이런 사람의 눈에 잘 안 띄는 곳에 가지런히 놓여있는 도서관이 있다.

중랑천 둔치에서 도서관 쪽으로 가까이 다가가면 주변의 높은 아파트와는 다른 단층의 작은 집과 같은 형태를 가진 매스 여러 개가 올망졸망한 도토리처럼 모여 있는데 귀엽다. 옆에서 보면 투명한 유리 온실 같기도 하고 정면에서 보면 다 막혀있어서 창고 같기도 하다. 어떤 곳일까? 호기심이 인다. 제일 먼저 눈에 들어오는 것은 다양한 크기의 오각형 형태의 프레임(Frame)이다. 건축에서 간결한 오각형의 집 형태는 하나의 아이콘이다.
박공지붕의 집이라는 오각형의 기호는 굳이 집이 아니더라도 건축이라는 상징으로까지 확대된다. 크고 작은 오각형의 기호를 모아서 새로운 개념의 도서관을 만든 곳이 바로 이름도 아름다운 한내 지혜의 숲이다.

도서관을 만드는 오각형의 단위유닛은 마치 주사위처럼 하나의 건축 재료를 이용하여 위, 아래, 오른쪽, 왼쪽 등 특정한 방향 없이 사용할 수 있다. 그리고 내부공간의 필요에 따라 크기도 조금씩 다르게 할 수 있다. 모든 면이 막혀있는 상자가 아니라서 바닥판을 제외하면 어떤 면을 비워도 되고 투명한 유리를 넣을 수도 있다. 단위유닛을 모아서 연결하면 내부공간을 넓게 확장할 수 있다. 또한, 유닛과 유닛 사이에 빈 공간인 내, 외부 중정 보이드를 넣을 수도 있다. 즉 다양한 공간 형성의 잠재성이 있는 단위유닛도 있고 단위유닛의 조합에 의한 공간의 확장, 새로운 분위기 형성도 가능하다. 게다가 지붕을 이용하면 한 가지 더 새로운 공간을 만들 수 있는 조합이 생기는데 박공 지붕의 경사는 반복되면서 또 서로 지그재그 교차하면서 M과 W가 반복된 듯 시각화되면서 그 사이 공간이 나타난다.
무수한 조합의 결과가 예측 불가할 정도이다.

이렇게 형성된 공간에 하늘에서 내리는 햇빛을 들이면 빛과 그림자가 공간의 다양성을 배가시킨다. 박공지붕 쪽에서는 유닛 사이로 빛이 들어오고 어떤 유닛에서는 유닛 한 면 전체에 빛이 들어온다. 물론 중정은 외부 공간이니 밖으로 나가서 햇빛 바라기도 가능하다. 더 놀라운 것은 햇빛을 이용하기 위해 억지로 창을 내거나 공간을 만드는 것이 아니라 유닛 공간의 차이에 따라 만들어진 틈으로 자연스럽게 빛이 들어온다는 사실이다. 빛을 이용한 현상학적인 공간은 사용자에게 좋은 공간을 몇 배나 더 좋은 공간으로 인식하게 한다.

다양한 외부공간을 둘러보고 나서 도서관 내부로 들어가 보면 건축설계에서 단위유닛의 조합이라는 시스템이 인지되면서 깔끔하게 정리된듯한데 막상 공간을 돌아다니면 구성이 복잡하고 미로와 같은 느낌이 든다. 복잡계 건축의 핵심을 잘 구현한 사례이다. 단위유닛이 시스템으로 되면 반복으로 인해 단조로울 수 있는데 또 이를 과다하게 적용하면 반대로 미로가 되어 너무 복잡하게 된다. 이 두 가지를 잘 조합해야 좋은 공간 구성이 되는데 이곳은 적절하게 구성되어 있다.

자연스러움은 건축설계에서 최고의 미덕이다. 억지로 짜 맞추고 필요에 의해서 공간을 나누는 것은 부자연스럽고 결국 사용하지 않거나 불만이 생긴다. 그런 측면에서 보면 복잡계 건축은 가장 자연스러운 설계 방법일 수 있다.

그래서 자연도 복잡계 이론으로 설명이 잘 되는지도 모른다.

유닛과 외부 공간 분위기

한내 지혜의 숲 도서관 입구

프로그램이 도서관이라 도서관의 상징인 책을 꽂는 책장의 상징인 직육면체 원목 상자를 벽과 내부 천장까지 확대해서 멀리서 봐도 이곳이 도서관이라는 것을 인지하게 한다.

외부에서는 작은 집 여러 개가 모여 있는 듯한데 내부는 하나의 커다란 공간이고 유닛에 맞춰 적절하게 공간을 구획해서 사용하였고 모든 공간은 전부 연결되어 있다. 한쪽에서 다른 곳을 가는 동선도 여러 개가 생겨서 다양하게 선택할 수 있다. 공간의 풍부함이 넘쳐난다. 단순한 형태를 모았더니 복잡하고 다양한 사이공간이 생기고 틈새 효과는 전체의 공간으로 퍼져나가서 완전히 새로운 공간이 만들어진다. 이곳은 마치 자연에서 브라질 나비의 날갯짓이 미국 텍사스에 태풍을 일으키는 원인이 된다는 작은 행동이 예기치 못한 결과를 초래하는 복잡계 이론의 건축적 적용이며 해석이다.

한내 지혜의 숲 도서관 내부 겹치는 공간

한 덩어리 건축과 모둠 건축

건축설계를 하다 보면 나무를 보지 말고 숲을 보라는 말을 많이 듣는다. 이를 나름대로 해석해 보면 가까이 있는 나무라는 근시안적인 것에서 벗어나 전체를 이해하라는 의미로 읽힌다. 나무와 숲을 건축으로 본다면 스케일과 연관되는데 나무라는 작은 스케일은 디테일과, 큰 스케일은 매스의 배치나 공간구성 더 나아가서는 주변 맥락과의 관계를 고려하는 것이다. 사실 건축설계는 어느 하나가 더 중요한 것이 아니라 둘 다 중요한데 동시에 하기 어려우니 보통 한쪽부터 시작한다. 기존의 건축은 대지에 들어갈 최대의 크기 안에서 여러 가지 조건에 맞춰 형태를 정하고 그 안에서 공간을 나누면서 점차 구체화한다.
큰 스케일에서 점차 작은 스케일로, 숲에서 시작해서 나무로 진행한다. 맞는 과정인가? 의구심이 생긴다.

도서관 안에 자리를 잡고 앉아 조금 더 진지하게 생각해 본다. 숲은 어떻게 만들어질까? 숲의 실체는 무엇일까? 가만히 생각해 보면 숲이란 나무 개체가 모여서 어떤 새로운 관계를 통해 독특한 분위기와 공간을 만들어 내는 것을 의미하는 것이 아닌가? 그렇다고 단지 나무가 모인다고 숲이 되는 것이 아니다. 그것은 단지 나무 모음일 뿐이다.
숲이 되려면 나무가 모여 무언가 모둠 그 이상이 되어야 한다. 그래야 나무가 모이는 근거가 될 것이다. 또한, 나무도 적절한 거리와 간격이 필요하다. 나무 자신만의 영역이 있다. 그 영역이 침범당하게 되면 그 부분의 가지가 죽거나 아니면 외부에서 침범한 물체를 없애려고 한다.
반대로 나무 사이에 커다란 빈 공간이 생기면 그 자리를 이용해 가지가 겉 자라거나 커지면 결국 나무의 생명에 영향을 주고 문제가 생긴다고 한다.
이렇듯 공간의 적절함이 인간인 우리에게만 요청되는 것은 아닌가 보다.

한내 지혜의 숲 도서관 주변 풍경

> "그렇다고 단지 나무가 모인다고 숲이 되는 것이 아니다.
> 그것은 단지 나무 모음일 뿐이다.
> 숲이 되려면 나무가 모여
> 무언가 모둠 그 이상이 되어야 한다."

한 그루 나무라는 완성된 자아가 되기 위해서는 그 안에 많은 요소와 성분이 필요하고 이것들의 작용으로 나무로 성장하게 된다. 그런 나무가 모여서 숲이 되기 위해서는 적절한 관계의 나무들이 모여야 한다. 건축이 나무가 되고 숲이 도시가 될 수 있고 건축 요소가 나무가 되고 완성된 건축물이 나무가 될 수 있다. 어느 관점에서 보느냐에 따라 건축을 이해하는데 달라질 수 있지만, 중요한 것은 작은 것에서부터 큰 규모까지 전부 다 고려해야 한다는 것이다. 한 덩어리를 나누고 분배하는 한 덩어리의 건축과 작은 단위유닛을 만들고 유닛을 모아서 전체를 만드는 모듐 건축은 결과적으로 유사해 보일 수 있지만, 사고의 접근법은 완전히 반대이다.

한내 지혜의 숲 도서관 사이공간

한내 지혜의 숲 도서관 위 하늘

한내 지혜의 숲 도서관 내부 천장

한내 지혜의 숲 도서관 내부 열람공간

반복과 반복의 잠재력

영화 위대한 쇼맨에서 유럽에서 최고의 인기를 구가하는 오페라 가수 제니 린드(Jenny Lind)가 부른 네버 이너프(Never Enough)라는 노래에는 Never Enough라는 단어가 무수히 반복해서 나온다. Never와 Enough 그리고 Never Enough의 조합이 만들어 내는 효과는 대단하다. 영화 속 음악의 대부분은 배우들이 직접 불렀는데 이 음악은 노래 자체가 워낙 고음이고 어려워서 영화 속 배우인 레베카 레베카 페르구손(Rebecca Ferguson)이 직접 부른 것이 아니고 실제로는 가수 로렌 올레드(Loren Allred)가 불렀다는 일화도 흥미롭다. 그러나 그 보다 더 관심이 가는 사실은 이 단순한 단어의 반복과 조합으로 구성된 음악이 주는 강렬함과 호소력일 것이다. 따로 떨어져 있으면 작은 하나에 불과하지만 이 작은 것이 반복되고 주변과 연결되면 숨어있는 잠재력이 폭발한다. 단위유닛이 모여서 만들어지는 복잡계 건축도 이런 사실을 보여준다.

인상파 미술에는 점묘법이라는 화풍이 있다. 캔버스를 가득 채우는 것은 단순하게 찍은 점들이다. 점들이 모여 형상이 되고 배경이 되고 그림이 된다. 가까이 가면 갈수록 점으로 분해되고 눈을 멀리 뗄수록 그림으로 완성된다. 화가는 그림을 그리는 것이 아니라 점을 찍는다. 시카고 미술관(The Art Institute of Chicago)에는 점묘법의 대가인 조르주 쇠라(Georges Pierre Seurat) 그랑드 자트 섬의 오후(Un dimanche après-midi à l'Île de la Grande Jatte)를 만날 수 있다. 작품 크기는 207×308cm로 대형이다. 직접 대면했을 때의 놀라움이 아직도 생생하다. 색과 형태의 관계를 고민하고 결정하는 것도 힘들었겠지만 화가의 생각을 캔버스에 담기 위한 인내와 노력은 다른 화가가 따로 올 수 없을 정도라고 느껴진다. 작은 점 하나가 이렇게 위대한 예술 작품으로 탈바꿈하다니 하나의 작은 요소가 도대체 어떻게 변화해서 이 위대함이 되었는가 의구심이 들 수밖에 없다.
가만히 보면 위대함은 작은 사소한 것에서 나온다.
예술도 건축도 인생도 사람도 진리도 그렇다.

복잡계 건축과 단위유닛의 모음집

복잡계 건축에 대해 조금 더 알아본다. 한내 지혜의 숲 도서관과 유사한 사례가 서울에 몇 군데 더 있다. 이 책의 앞쪽 공간을 지각하다 부분에서 조각보 건축으로 설명한 건축 사례인 홍현은 공간의 관통, 경계, 재료, 현상학적 분위기, 작은 건축 등 다양한 관점에서 이야깃거리가 많다. 인터커드 건축이 설계한 북촌 정독도서관과 교육박물관 경계에 있는 홍현은 기존의 담으로 막힌 정독도서관 일부를 허물고 그 경계 부위에 북촌 안내소, 전시실, 엘리베이터, 공공화장실 등을 나누어서 배치하고 그사이에 계단을 넣어 북촌길에서 사이 공간을 거쳐

홍현

한내 지혜의 숲 도서관 중정과 빛

교육박물관과 정독도서관으로 갈 수 있게 하였다. 지금까지 길에 따라 꽉 막혀있던 도서관의 담은 이제 소통의 공간이 되었고 방문객들은 가고 싶은 길을 선택해서 원하는 대로 움직일 수 있게 되었다. 공간의 관통을 이용해 소통의 공간을 만든 사실도 중요하지만, 그 공간에 거대한 건물을 넣고 관통을 만든 것이 아니라 작은 건축물을 나눠서 배치하고 건축물 사이사이에 관통하는 공간을 만들었다. 그래서 이곳은 옛 종로의 작은 건축들이 새롭게 만든 홍현 건축물과 잘 어울리면서 다양한 공간을 이룬다. 단위유닛의 작은 건축이 큰 역할을 하는 복잡계 건축의 전형이다.

또 다른 사례인 서울시 은평구의 구립 구산동 도서관 마을은 이름에서도 연상되듯이 도서관은 커다란 건축물 하나가 아니라 작은 도서관 방 여러 개가 모여 실제 도서관으로 이루어진 말 그대로 도서관 마을이 된다. 주변의 오래된 건축도 리모델링을 통해 재활용하고 새로운 프로그램을 위해 꼭 필요한 공간은 새로 넣어서 서로 다르지만, 건축물이 모여 도서관 마을이 된다. 단독 주택과 연립주택이 밀집된 주택가에 기존의 주택들과 골목을 활용해서 마을의 공동체의 활동 중심이 되는 광장을 제공하고 새로 추가된 책복도와 기존의 건물 일부분을 헐어서 만든 열람복도로 도서관 방을 연결하여 도서관 마을을 형성한다. 결국 기존의 작은 방을 엮고 이어서 새로운 방들의 조직을 만든다. 이렇게 작은 것들이 모여 커다란 팀을 만드는 건축이 복잡계 건축이다. 더 놀라운 것은 작은 유닛이 모여 시스템이 되면서 유닛속의 숨어 있던 잠재성이 발현되어 기존에 없었던 새로운 능력이 나타난다는 사실이다. 또, 놀라운 사실은 이 모든 과정이 건축가뿐만 아니라 주민들이 적극적으로 참여했다는 것이다. 전문가인 건축가와 사용자인 주민이 한정된 예상과 열악한 환경 속에서도 머리를 맞대고 진지하게 고민하면서 풀어나간 결과이다.

미래의 건축

복잡계 건축은 자연의 생성 원리를 바탕으로 건축 설계를 진행한다. 연기가 공중에 퍼져나가는 현상을 바람의 작용이라는 단순한 결과로 보기 보다 카오스 이론을 통한 동적 평형상태인 카오스모스(Chaosmos)라는 상황에 집중한다.

물리학과 생물학에서 자연현상이 하나의 완결된 결과물이라기보다는 생성과 변화의 균형 상태인 것으로 이해하는 것처럼 건축도 건축가가 만들어 낸 하나의 완전한 결과물이라기보다는 작은 요소가 모여서 이루어진 그리고 계속 변화할 수 있는 여지를 주는 확장성의 건축물로 간주한다. 작은 단위유닛이 모이면 각각의 잠재성이 배가 된다. 기존에 없던 사이 공간이 나타나고 어떻게 배치되느냐에 따라 사이 공간이 달라지고 변화가 무궁무진하다. '시작은 미약하였으나 나중은 창대하리라'라는 욥기 8장 7절은 적어도 복잡계 건축에서는 진리인 듯하다.

복잡계 건축의 놀라운 사례가 우리 가까이 있는 일상에 있다. 그리고 적어도 당분간은 우리에게 복잡계 건축이 미래의 건축이 될 것으로 조심스럽게 예측해 본다.

도서관에 관한 건축설계 방법론이 복잡계 이론을 적용한 복잡계 건축이라면 현대사회의 도서관의 사회적 역할과 의미는 아마도 미셸 푸코(Michel Foucault)가 언급한 헤테로토피아(Heterotopia)로 이해할 수 있을 것이다. 헤테로토피아는 원래 현실에 없는 이상적 유토피아(Utopia)와 대비되는 공간으로 현실에 존재하는 장소이면서도 일상의 모든 장소들에 대해 차별화하고 역전시키는 모든 장소들의 바깥에 있는 현실화된 유토피아라는 개념화의 결과이다. 푸코에 의해 수많은 공간과 장소들이 헤테로토피아로 소환되었지만 그중에서도 많은 관심을 갖는 곳이 도서관이다.

역사적으로는 BC 21세기경 메소포타미아 지방이 기원이며 고대 이집트와 로마시대를 거쳐 책이 권력이 되는 중세를 거쳐 근대에 들어서서 보편화된다. 최근 현대사회의 도서관은 기록된 문서의 보관 및 열람이라는 특정한 기능의 헤테로토피아 공간에서 일상의 공간으로 탈바꿈하고 있다.
일상의 바깥이라고 정의된 공간이 이제는 일상으로 들어와서 섞이고 있는 것이다. 이 경우 기존의 사회학적 용어를 재해석하거나 일상을 새롭게 재정의해야 할 수 도 있다.
중요한 사실은 이제 도서관은 우리와 멀리 있는 권력의 숨은 공간과 장소가 아니라 우리와 가까운 곳으로 다가왔다는 것이다. 이렇게 된 데는 정치사회적 변화가 중요한 이유이지만 그와 함께 건축가의 노력도 한몫했을 것이다. 기존의 권력 상징의 도서관 건축을 일상의 공간의 건축으로 바꾸려고 애써왔다. 이런 노력으로 작은 도서관, 공공 도서관, 서점 등 책과 지식과 관련된 다양한 건축과 공간을 다양하게 펼쳐진다.
한국에서 건축가가 노력한 도서관 건축의 결과 중 하나인 한내 지혜의 숲 도서관은 그 어떤 도서관보다도 사회적, 건축적으로 의미가 깊은 최첨단의 공간이다.

건축설계자료

한내 지혜의 숲 건축설계자료는
운생동 건축사사무소 홈페이지에서 자세히 알 수 있다.

https://usdspace.com/project/hannae-forest-of-wisdom/

Epilogue

- 에필로그
- 가까이 있는 건축 : 위치 가이드

Epilogue

에필로그

우리 주변에는 언제나 최신 유행하는 가요에서부터 서양 고전 클래식까지 다양한 장르의 수많은 음악이 쏟아져 나와서 귀를 울린다. 그리고 대형 국립 미술관에서부터 아주 작은 개인 미술관에서는 오래된 명화에서부터 처음 보는 새로운 개념의 현대 미술까지 전 세계의 모든 예술 작품을 쉬지 않고 전시한다. 현대사회의 미디어를 대표하는 종합예술 영화는 상상을 초월할 정도로 수없이 만들어지고 끊임없이 상영된다. 그만큼 우리는 눈으로 귀로 입으로 몸으로 세상을 즐기고 인생을 만끽하며 문화의 풍요로움 속에서 산다. 이러한 풍요로움의 바탕에는 이 모든 것이 만들어지고 공유하는 공간과 장소가 필요하다. 현대사회는 우리 일상을 영위하는 삶의 무대뿐만 아니라 정치와 경제도 공간으로 판단하고 나름대로의 가치로 이해하기도 한다. 결국, 우리의 삶은 건축 공간 속에서 인생의 수많은 희로애락(喜怒哀樂)을 보내게 되는 것이다.

건축은 책과 비슷한 측면이 있다. 책은 한 권 한 권이 다 다르다. 책은 옷이나 신발, 가구나 컴퓨터처럼 하나의 디자인에 색과 재료에 변화를 줘서 다양하게 만들 수 없다. 그리고 책 한 권에는 나와 다른 사람의 인생이 있다. 책을 읽으면서 작가의 생각과 혜안을 배운다. 같은 책이 없는 것처럼 건축도 같은 건축이 없다. 대지가 다르고 건축가도 다르고 사용자도 다르니 같은 것이 나올 수가 없는 시스템이다. 그러므로 매번 한 땀 한 땀 수작업으로 만들 듯이 설계되기에 그 의미를 잘 살펴야 한다. 작가가 책을 쓸 때는 작가의 의지와 의도가 중요하다. 그러나 일단 책이 출간되어 작가의 손을 떠나면 이후는 오롯이 독자의 몫이 된다. 그리고 독자의 책읽기에 따라 이해와 평가가 갈린다. 즉 사용자가 중요한 주체로 떠오른다. 건축분야도 건축설계는 건축가가 하지만 일단 완공되어 건축가의 손을 떠나면 건축물과 공간은 건축주와 사용자의 몫이 된다. 우리 주변에 책이 많다고 책의 가치가 떨어지는 것이 아니다. 책의 가치는 가지고 있는 사람보다 읽고 내용을 아는 사람에게 있다. 건축도 마찬가지다. 우리 주변의 좋은 건축은 있다고 자랑한다고 그 가치가 높아지는 것이 아니다. 가서 건축과 공간을 즐기고 사색하는 것이 가치를 높이는 것이다.

우리는 멀리 여행을 가면 그 지역을 대표하는 건축을 중심으로 방문한다. 그러나 일상의 사는 경우에는 우리 가까이에 아무리 좋은 건축이 있다고 해도 가보기 쉽지 않다. 그만큼 일상은 우리의 삶을 강하게 묶어 놓아 여유를 주지 않는다. 그리고 일상에서 주말이나 휴가 등 여유가 생기면 여행을 가거나 집에서 쉬는 것이 보통이다. 우리 주변에는 오래된 전통의 건축에서부터 최신의 서양 현대건축까지 좋은 가치를 가지는 건축이 많이 있다. 누구는 그 가치를 몰라서 안가고, 누구는 자주 가지만 그 의미를 잘 몰라서 제대로 사용하거나 경험하지 못하는 예도 있다. 좋은 음악을 듣고 심금을 울리는 영화를 보고 진한 여운을 남기는 차 한 잔을 마시며 읽은 책이 한 사람의 인생을 바꾸는 경우가 허다하다. 그처럼 우리 주변의 건축과 공간이 우리에게 주는 위로와 여유를 느껴봐야 한다. 그리고 직접 가서 느끼기 전에 그리고 다녀온 후 그 긴 여운을 가지고 건축에 관한 건축가의 생각을 살펴보는 것이 필요하다. 그럼 마치 최고의 향신료가 음식의 맛과 풍미를 최고로 끌어올려 주듯이 지금 이 자리의 공간과 장소에 관한 생각이 달라질 것이다.

비나 눈이 올 때 우리에게 움막이라도 나쁜 날씨를 피할 만한 공간만 있어도 행복할 것이다. 우산 속 연인이 측은해 보이기보다는 오히려 낭만적이고 애틋하듯이 말이다. 그런데 움막에 익숙해지면 불편한 것이 한두 개 생긴다. 그리고는 불편함을 해결하려고 주변의 공간을 넓힌다. 공간이 넓어지면 그곳에 무언가로 채운다. 점차 우리의 욕심은 다양하게 발현하게 되어 좀 더 눈에 띄고 비싸고 자랑할 만한 물건들로 가득 차버린다. 그러면 또 공간이 좁아 불편하고 다시 공간을 넓히는 악순환이 인생을 붙잡는다. 공간에 대한 욕심은 처음에는 작은 개인의 방에서 시작하는데 어느 순간 집으로 커지고 이내 건물로 마을로 도시로 확장한다. 이러한 공간과 장소에 대한 애착은 거주와 장소성이라는 의미를 부여하게 된다.
그리고 그에 걸맞은 건축이 나타난다. 건축가에게는 성경과도 같은 소위 마르틴 하이데거가 100여 년 전에 언급했던 존재와 공간에 의미를 부여하는 것이다. 그러나 인간 주체를 중심으로 하는 건축은 태생적으로 한계를 가질 수밖에 없다.

Epilogue

인간이 우주와 지구의 모든 세상의 중심이 아니듯 건축도 인간중심으로만 이해한다면 폭이 너무 좁을 것이다. 건축이 인간이 머무르는 공간이라고 한정한다면 즉 사용자와 필요한 기능으로 구성된 공간이라면 이 정도 수준에서 훌륭한 건축을 접할 수 있을 것이다. 좀 더 확장해서 생각해 보라. 가끔 보면 이런 공간이나 건축이 필요한가 할 정도로 의아한 것이 있다. 나의 관점에서 보면 불필요한데 타인에게는 필요한 것이니 만들어진 것이리라. 이런 관점을 확대하면 나, 우리, 인간, 도시, 사회, 지구, 우주까지 무한대로 늘어난다. 그에 따라 건축의 폭이 구조주의 건축이나 복잡계 건축 등으로 다양하게 확대될 것이다. 모든 분야가 그렇듯이 건축도 처음에는 단순하게 시작했다. 그런데 점차 요구사항과 담을 거리가 많아지고 그러다 보니 점차 다양해지고 복잡해졌다. 어떤 관점에 집중하느냐에 따라 공간과 건축이 달라진다. 전문적인 건축가의 지식을 빌리지 않아도 되는 라오스 라후족의 16살 소년이 지은 작은 집에서부터 감히 전문건축가도 쉽사리 도전하기 어려운 세계에서 제일 높은 부르즈 할리파(Burj Khalifa) 초고층 건축까지 우리시대와 사회는 엄청나게 넓은 건축의 스펙트럼이 만들어졌다. 별것 아닌 것 같은 초라하고 작은 거주지에도 심오한 의미가 담겨있을 수밖에 없다. 그리고 같아 보이는 건축이라도 시대와 사회에 따라 다른 가치와 의미가 숨어 있다. 우리가 아는 건축가들의 많은 건축 작품은 이러한 철학적 사회적 건축적 의미를 담았다. 그러므로 내 눈앞에 있는 건축에 대해 좋다, 나쁘다, 맞다, 틀리다고 평가하는 것이야말로 조심해야 하는 것이 아닐까? 평가하기보다는 하나의 건축 속에 숨어 있는 여러 가지 공간적, 사회적, 철학적, 예술적, 과학적 가치와 의미를 들여다보는 것이 우리가 해야 할 일이며 역할일 것이다.

이 글모음은 누구나 부담 없이 읽을 수 있는 쉬운 글과 직접 가서 찍은 생생한 사진을 이용해 우리 가까이에 있는 대표적이며 전형적인 건축물의 가치를 설명하기 위해서 시작했다. 아는 만큼 보인다고 억지로 장황하게 설명하거나 건축적 지식을 만연체로 자랑하듯 설명하는 현학적인 자세가 아니라 각각의 건축이 설계되고 만들어질 때 고민했던 수많은 건축가의 생각과 우리가 딛고 있는 공간에 대한 가치에 대해 알려주고 싶었다. 시대가 변하면서 이제는 삶을 담는 공간에서 문화유산으로 변해버린 전통건축, 조선후기 서양과 일본에 개방되면서 수입된 개화기 건축, 급격한 도시화에 따른 열악한 도시 환경 속에서도 나름의 역할을 해 온 근대건축, 기존과는 완전히 다른 개념과 유형을 가진 현대건축 등 수많은 건축 중 꼭 알려주고 싶은 건축 사례를 선정하여 자료를 찾고 직접 수차례의 답사를 통해 기존의 지식에 새로운 이해를 덧붙여 정리했다. 그렇게 한국에서 시대별 건축을 대표하는 사례의 정리가 늘어나면서 놀랐던 사실은 기존 외국의 유명한 건축만큼이나 현재 한국에는 건축적 가치가 높은 좋은 건축이 많다는 것이다. 이는 우리가 몰랐던 가치를 가진 전통건축을 찾아낸 것도 있고 해외 건축가의 건축 작품이 국내에 많이 늘어난 것도 있고 해외에서 건축을 공부한 한국 건축가의 작품이 많은 것도 또 다른 한 가지 이유일 것이다.

유명한 건축 사례를 돌아보는 과정 중에는 가끔씩 작지만 소중한 건축도 있었다. 작은 건축은 작은 건축대로, 유명하고 전형적인 것은 그것대로 전부 다 보여주는 것이 가치가 있다고 판단해서 하나의 책으로 묶었다. 그러다 보니 어떤 글은 장황할 정도로 길고 여러 가지 생각이 들어간 것도 있고, 또 다른 글은 너무 짧고 간략하게 묘사하듯이 개인적인 경험을 그려낸 것도 있다. 각각의 사례를 일정하게 설명하고 보여주면 독자는 읽기가 수월할 수도 있을 것이다. 그러나 읽는 독자도 다르고 소개하는 건축도 다 다른데 어떻게 콩나물 키 맞추듯이 할 수 있을까 싶어서 맞추기를 그만뒀다. 덕분에 여기의 건축 사례는 각자의 개성을 가지고 자신의 공간과 건축에 대해 나름대로 속내를 보여준다. 글을 읽는 사람은 각자 건축을 보는 관점이 다를 것이므로 내가 제시한 부분과 다른 생각과 분석을 할 수 있는 것이다. 이글을 기본적인 가이드라고 생각하고 가까이에 있는 건축을 찾아가 살펴보고 경험하고 그 숨어있는 새로운 의미를 찾아 알려주기를 바라는 마음이 크다. 작가의 손을 떠난 글은 독자의 몫이고 그러기에 이제는 글쓰기와 텍스트인 에크리튀르(Écriture)를 침묵으로 넘치게 하는 그런 독자를 기다린다. 차 한 잔, 술 한 잔과 함께 서로 발견한 건축의 숨은 의미에 대해 주거니 받거니 하면서 우리의 인생도 공유할 앞으로의 시간을 기대해 본다.

선정건축 위치안내

ARCHITECTURE' GUIDE

가까이 있는 건축에서 선정한 20개의 건축 사례 위치를 소개한다.
대부분의 장소는 지하철과 버스 등 대중교통으로 연결되어 있어
언제든지 쉽게 찾아보고 만지고 걷고 머무는 경험을 통해
우리에게 가까이 있는 놀라운 건축을 직접 확인할 수 있을 것이다.

서울 강북 시청/서울역 지역

1. 서소문 역사공원 & 성지 역사박물관
2. 서울도시건축전시관

서울 강북 신촌 지역

1. 루스 채플
2. 이화여대 캠퍼스 복합단지(ECC)

서울 강북 용산 지역

1. M Street 한남
2. 꽃빛
3. 다락옥수
4. 현대카드 뮤직 라이브러리

서울 강남 지역

1. 서울대 미술관
2. 역삼 이지 소울리더(EG Soul Leader)

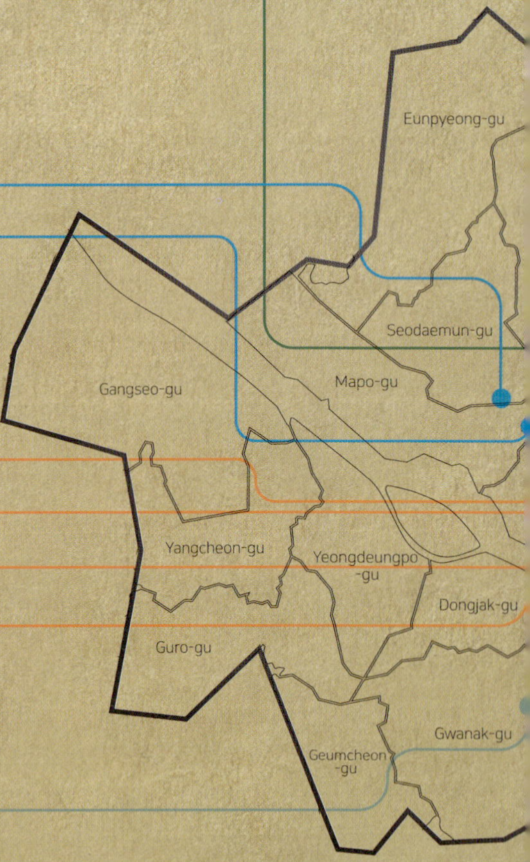

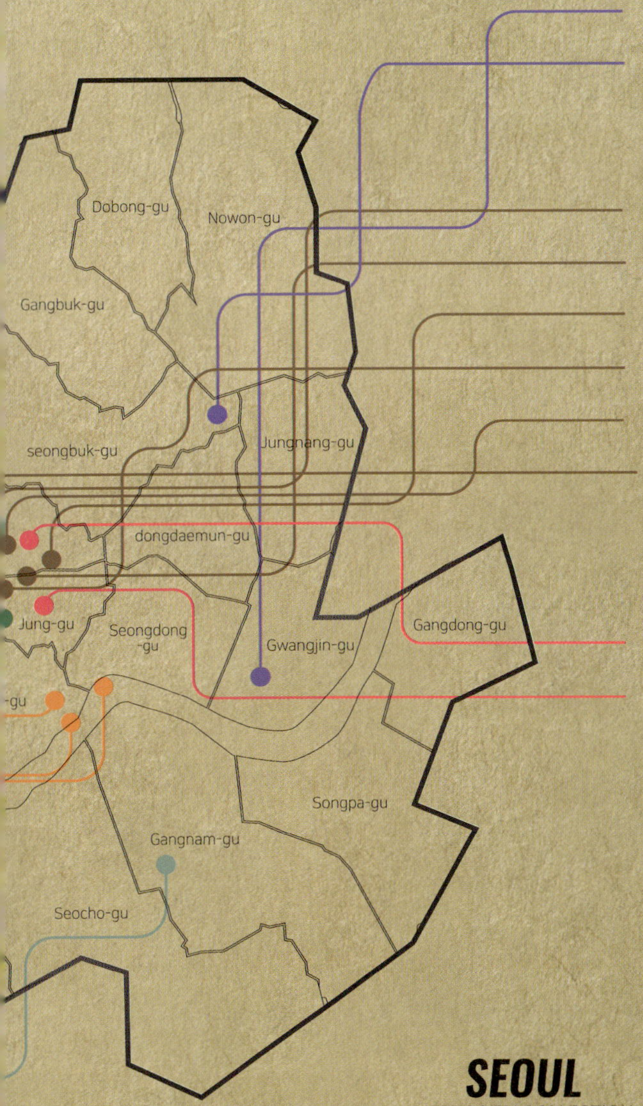

서울 강북 도심 외부 지역

1. 꿈마루
2. 한내 지혜의 숲 도서관

서울 강북 북촌 지역

1. 학고재
2. 국제 갤러리
3. 가회동 성당
4. 홍현
5. 국립현대미술관 서울(MMCA)
6. 윤동주 문학관

서울 강북 종로 지역

1. 청의정
2. 다시 세운 프로젝트

SEOUL
METROCITY COLLECTION

선정건축 위치안내

ARCHITECTURE' GUIDE

가까이 있는 건축에서 선정한 20개의 건축 사례가 위치한 주소와 대중교통으로의 접근은 다음과 같다.

❶ 이화여대 캠퍼스 복합단지(ECC)

(서울 강북 신촌 지역)
서울 서대문구 이화여대길 52
경의중앙선 신촌역 2번 출구에서 414m로 도보 8분, 2호선 이대역 3번 출구에서 459m로 도보 7분 소요. 이대 정문을 지나 이대 박물관 건너편에 위치.

❷ 루스 채플

(서울 강북 신촌 지역)
서울 서대문구 연세로 50
경의중앙선 신촌역 2번 출구에서 889m로 도보 16분, 지하철 2호선 신촌역 2번 출구에서 947m, 도보 17분. 연세대 캠퍼스 내 학생회관 동쪽에 위치.(캠퍼스 맵 : 연세대학교 신촌캠퍼스 루스채플 208동)

❷ 서소문 역사공원 & 성지 역사박물관

(서울 강북 시청/서울역 지역)
서울 중구 칠패로 5 서소문공원
지하철 2, 5호선 충정로역 4번 출구에서 동쪽으로 477m, 도보 8분 . 서울로 7017을 이용할 경우 4호선 회현역 5번 출구에서 1.1km, 도보 20분 거리.

❹ 다락옥수

(서울 강북 용산 지역)
서울 성동구 옥수동 360-4
지하철 3호선, 경의중앙선 옥수역 7번 출구에서 지상으로 내려가면 4m에 위치.

❶ 꽃빛

(서울 강북 용산 지역)
서울 용산구 한강대로 112
지하철 4호선 신용산역 1, 2번 출구의 아모레퍼시픽 본사와 연결된 지하 입구에 위치.

❶ 서울도시건축전시관

(서울 강북 시청/서울역 지역)
서울 중구 세종대로 119
지하철 1, 2호선 시청역 3번 출구에서 북쪽 90m, 도보 1분 거리.

❶ 서울대학교 미술관

(서울 강남 지역)
서울 관악구 관악로 1
신림선 관악산역 1번 출구에서 동쪽으로 587m 도보 10분, 서울대 정문 옆에 위치.

❷ 현대카드 뮤직 라이브러리

(서울 강북 용산 지역)
서울 용산구 이태원로 246
지하철 6호선 한강진역 3번 출구에서 서쪽 412m, 도보 6분 거리.

❸ M Street 한남

(서울 강북 용산 지역) 서울 용산구 이태원로 231
지하철 6호선 이태원역 2번 출구에서 동쪽으로 497m로 도보 10분, 지하철 6호선 한강진역 1번 출구에서 서쪽으로 537m, 도보 8분 거리.

❻ 윤동주 문학관

(서울 강북 북촌 지역)
서울 종로구 창의문로 119
지하철 3호선 경복궁역 3번 출구/5호선 광화문역 2번 출구, 북쪽 방향 버스 지선 1020, 7022, 7212 이용하여 자하문고개/윤동주 시인의 언덕(01-106, 01-107) 정류장에서 하차. 경복궁역 3번 출구에서 도보 2km로 36분 거리.

❷ 학고재

(서울 강북 북촌 지역) 서울 종로구 삼청로 50
지하철 3호선 안국역 2번 출구에서 북서쪽 734m에 위치. 도보 11분 거리.

❶ 국립현대미술관 서울(MMCA)

(서울 강북 북촌 지역) 서울 종로구 삼청로 30
지하철 3호선 안국역 1번 출구에서 서쪽으로 936m에 위치. 5호선 광화문역 2번 출구에서 동쪽으로 약 1.1km, 도보 17분 거리.

❸ 국제 갤러리

(서울 강북 북촌 지역) 서울 종로구 삼청로 54
지하철 3호선 안국역 1번 출구에서 북서쪽, 3호선 경복궁역 5번 출구에서 북동쪽, 5호선 광화문역 2번 출구에서 북쪽 삼청동길을 따라 도보 15분.

❺ 가회동 성당

(서울 강북 북촌 지역) 서울 종로구 북촌로 57
지하철 3호선 안국역 2번 출구에서 북쪽으로 570m에 위치. 도보 10분 거리.

❹ 흥현 : 북촌마을 안내소

(서울 강북 북촌 지역)
서울 종로구 북촌로5길 48
지하철 3호선 안국역 2번 출구, 북서쪽으로 433m에 위치. 도보 6분 거리.

❶ 청의정

(서울 강북 종로 지역) 서울 종로구 율곡로 99
창덕궁 돈화문까지 지하철 3호선 안국역 3번 출구에서 동쪽 379m, 도보 6분 거리. 종로3가역에서는 6번 출구에서 북쪽 614m, 도보 11분. 창덕궁 돈화문 입구에서 후원 옥류천까지 1.2km로 도보 24분 소요. 안국역에서 창덕궁 옥류천까지 1.6km 도보 29분, 종로3가역에서 옥류천까지 1.9km 도보 35분 거리.

❷ 다시 세운 프로젝트

(서울 강북 종로 지역) 서울 종로구 장사동 2-1
다시 세운 프로젝트 시작인 다시 세운 광장은 지하철 1, 3, 5호선 종로3가역 12번 출구에서 동쪽 225m, 도보 3분. 다시세운 프로젝트 반대쪽 진양프라자는 지하철 3, 4호선 충무로역에서 67m, 도보 3분 거리.

❶ 서울 어린이대공원 꿈마루

(서울 강북 도심 외부 지역)
서울 광진구 능동로 216
지하철 7호선 어린이대공원역 1번 출구에서 442m로 도보 7분, 어린이대공원 정문과 음악분수를 지나 위치.

❷ 역삼 어지 소울러더

(서울 강남 지역)
서울 강남구 테헤란로14길 34
지하철 2호선 역삼역 3번 출구에서 남쪽으로 471m 도보 6분, 강남역 1번 출구에서 630m로 도보 10분 거리.

❷ 한내 지혜의 숲 도서관

(서울 강북 도심 외부 지역)
서울 노원구 마들로 86
지하철 7호선 공릉역 3번 출구에서 서쪽 방향으로 중랑천 한천교 건너 484m에 한내근린공원 내에 위치하며 도보 8분 거리.